버섯
나들이도감

세밀화로 그린 보리 산들바다 도감

버섯 나들이도감

그림 권혁도, 김찬우, 이우만, 이주용, 임병국
글 석순자
감수 김양섭
기획 토박이

편집 김종현, 정진이
디자인 이안디자인
기획실 김소영, 김용란
제작 심준엽
영업마케팅 김현정, 심규완, 양병희
영업관리 안명선
새사업부 조서연
경영지원실 노명아, 신종호, 차수민
분해와 출력·인쇄 (주)로얄프로세스
제본 (주)상지사 P&B

1판 1쇄 펴낸 날 2017년 5월 1일 | **1판 4쇄 펴낸 날** 2024년 11월 20일
펴낸이 유문숙
펴낸 곳 (주) 도서출판 보리
출판등록 1991년 8월 6일 제 9–279호
주소 (10881) 경기도 파주시 직지길 492
전화 (031)955–3535 / **전송** (031)950–9501
누리집 www.boribook.com **전자우편** bori@boribook.com

ISBN 978-89-8428-957-4 06470 978-89-8428-890-4 (세트)
이 도서의 국립중앙도서관 출판예정도서목록(CIP)은 서지정보유통지원시스템 홈페이지
(http://seoji.nl.go.kr)와 국가자료공동목록시스템(http://www.nl.go.kr/kolisnet)에서
이용하실 수 있습니다. (CIP 제어번호 : CIP2017005267)

세밀화로 그린 보리 산들바다 도감

우리나라에 나는 버섯 124종

버섯
나들이도감

그림 권혁도 외 | 글 석순자 | 감수 김양섭

보리

일러두기

1. 아이부터 어른까지 함께 볼 수 있도록 쉽게 썼다.

2. 우리나라에 널리 나는 버섯 가운데 124종을 실었다.

3. '그림으로 찾아보기'는 버섯을 나는 곳에 따라 나누어 찾기 쉽게 했다.

4. 버섯은 2008년 국제농업생명과학센터(CABI)에서 펴낸 《Dictionary of the Fungi》 제10판에 실린 새로운 분류에 따라 목, 과, 속을 정리했다.

5. 우리말 이름은 2013년 한국균학회 균학용어심사위원회에서 펴낸 《한국의 버섯 목록》을 따랐다. 학명은 Index Fungorum의 현재명 current name을 따랐다.

6. 맞춤법과 띄어쓰기는 《표준국어대사전》을 따랐다. '멸종위기종' 같은 전문 용어는 띄어쓰기를 하지 않았다.

7. 버섯 '크기'는 대형, 중형, 소형으로 나누었다. 버섯 전체 너비나 갓 지름에 따라 10cm 이상은 대형, 5~10cm는 중형, 5cm 이하는 소형으로 나누었다.

8. 본문 보기

과명 ————

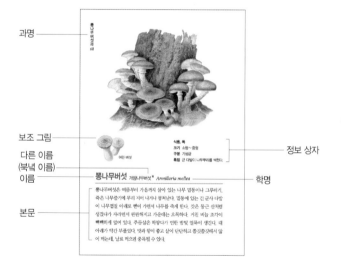

뽕나무버섯과 ⑤

보조 그림 ————
다른 이름
(북녘 이름) ————
이름 ————

어린 버섯

뽕나무버섯 개암나무버섯 *Armillaria mellea* ———— 학명

식용, 독
크기 소형~중형
구분 기생균
특징 균 다발이 나무뿌리를 썩힌다.

———— 정보 상자

본문 ————

뽕나무버섯은 여름부터 가을까지 살아 있는 나무 밑동이나 그루터기,
죽은 나무줄기에 무리 지어 나거나 뭉쳐난다. 밑동에 있는 긴 균사 다발
이 나무껍질 아래로 뻗어 가면서 나무를 죽게 한다. 갓은 둥근 산처럼
생겼다가 자라면서 편편해지고 가운데는 오목하다. 처진 비늘 조각이
빽빽하게 덮여 있다. 주름살은 허옇다가 연한 밤빛 얼룩이 생긴다. 대
아래가 약간 부풀었다. 맛과 향이 좋고 살이 단단하고 졸깃졸깃해서 많
이 먹는데, 날로 먹으면 중독될 수 있다.

버섯
나들이도감

그림으로 찾아보기

숲 속 땅 위에 나는 버섯

나무, 그루터기, 나무 열매에 나는 버섯

낙엽, 두엄 더미, 대숲에 나는 버섯

풀밭, 길가, 공원, 모래땅에 나는 버섯

곤충, 다른 버섯, 이끼에 나는 버섯

그림으로 찾아보기

1. 숲 속 땅 위에 나는 버섯

말징버섯 30

말불버섯 34

개나리광대버섯 36

고동색광대버섯 37

긴골광대버섯아재비 38

달걀버섯 39

독우산광대버섯 40

마귀광대버섯 41

뱀껍질광대버섯 42

붉은점박이광대버섯 43

비탈광대버섯 44

파리버섯 45

자주국수버섯 46

삿갓외대버섯 50

노란꼭지버섯 51

자주졸각버섯 52

졸각버섯 53

배불뚝이연기버섯 54

꽃버섯 55

다색벚꽃버섯 56

솔땀버섯 57

잿빛만가닥버섯 59

큰눈물버섯 78

하늘색깔때기버섯 85

송이 88

족제비송이 89

할미송이 90

산속그물버섯아재비 93

접시껄껄이그물버섯 94

노란길민그물버섯 95

갓그물버섯 96

귀신그물버섯 97

털귀신그물버섯 98

황금씨그물버섯 99

못버섯 101

큰마개버섯 102

비단그물버섯 103

황소비단그물버섯 104

꾀꼬리버섯 105

나팔버섯 107

싸리버섯 108

노랑망태버섯 114

말뚝버섯 115

세발버섯 117

유관버섯 122

배젖버섯 131

젖버섯 132

흰주름젖버섯 133

기와버섯 134

수원무당버섯 135

절구무당버섯 136

청머루무당버섯 137

흰굴뚝버섯 138

향버섯(능이) 139

까치버섯 140

마귀곰보버섯 145

긴대안장버섯 146

곰보버섯 147

들주발버섯 148

붉은사슴뿔버섯 151

2. 나무, 그루터기, 나무 열매에 나는 버섯

좀주름찻잔버섯 32

쇠뜨기버섯 47

잿빛만가닥버섯 59

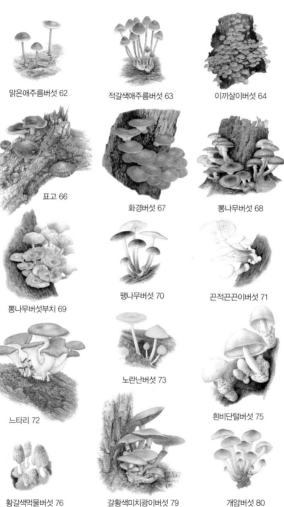

맑은애주름버섯 62

적갈색애주름버섯 63

이끼살이버섯 64

표고 66

화경버섯 67

뽕나무버섯 68

뽕나무버섯부치 69

팽나무버섯 70

끈적끈끈이버섯 71

느타리 72

노란난버섯 73

흰비단털버섯 75

황갈색먹물버섯 76

갈황색미치광이버섯 79

개암버섯 80

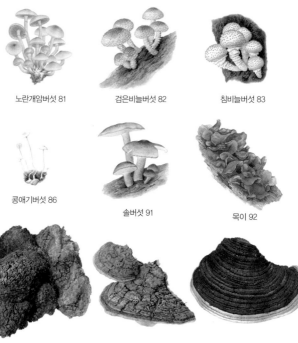

노란개암버섯 81

검은비늘버섯 82

침비늘버섯 83

콩애기버섯 86

솔버섯 91

목이 92

자작나무시루뻔버섯 109

목질진흙버섯 110

진흙버섯 111

충충버섯 112

세발버섯 117

소나무잔나비버섯 118

불로초(영지) 119

잔나비불로초 120

잎새버섯 121

유관버섯 122

침버섯 123

때죽조개껍질버섯 124

새잣버섯 125

구름송편버섯 126

복령 127

꽃송이버섯 128

솔방울털버섯 129

노루궁뎅이 130

흰목이 141

오디균핵버섯 144

긴대안장버섯 146

털작은입술잔버섯 149

붉은사슴뿔버섯 151

3. 낙엽, 두엄 더미, 대숲에 나는 버섯

좀주름찻잔버섯 32

참낭피버섯 33

검은띠말똥버섯 48

말똥버섯 49

노란꼭지버섯 51

배불뚝이연기버섯 54

종이꽃낙엽버섯 60

큰낙엽버섯 61

맑은애주름버섯 62

애기밀버섯 65

풀버섯 74

두엄먹물버섯 77

턱받이포도버섯 84

하늘색깔때기버섯 85

콩애기버섯 86

민자주방망이버섯 87

테두리방귀버섯 106

흰오징어버섯 113

망태말뚝버섯 116

세발버섯 117

곰보버섯 147

털작은입술잔버섯 149

4. 풀밭, 길가, 공원, 모래땅에 나는 버섯

주름버섯 28

흰주름버섯 29

먹물버섯 31

참낭피버섯 33

말불버섯 34

큰갓버섯 35

뱀껍질광대버섯 42

쇠뜨기버섯 47

자주졸각버섯 52

졸각버섯 53

꽃버섯 55

솔땀버섯 57

잿빛만가닥버섯 59

큰눈물버섯 78

턱받이포도버섯 84

먼지버섯 100

들주발버섯 148

5. 곤충, 다른 버섯, 이끼에 나는 버섯

덧부치버섯 58

이끼살이버섯 64

동충하초 150

벌포식동충하초 152

큰매미포식동충하초 153

우리나라에 나는 버섯

담자균문

담자기에서 포자를 만드는 버섯 무리이다.
담자기는 갓 주름에 달린 작은 세포다.
꼭 곤봉처럼 생겼다. 위쪽에 포자를 달고 있다.
버섯 대부분이 담자균류에 든다.

식용
크기 중형
구분 분해균
특징 문지르면 붉게 바뀐다.

주름버섯 벼짚버섯^북, 들버섯^북 *Agaricus campestris*

주름버섯은 여름부터 가을까지 풀밭, 잔디밭, 목장같이 풀이 많고 거름 기가 많은 땅에 무리 지어 난다. 흰주름버섯과 닮았다. 갓은 어릴 때 둥 근 산 모양이다가 자라면서 펴지는데 가운데는 볼록하다. 겉에 가는 실 처럼 생긴 비늘 조각이 덮여 있고, 문지르면 붉은빛을 띠다가 검붉어진 다. 주름살은 흰색이나 연분홍색인데 자라면서 밤색으로 바뀐다. 대는 어릴 때 속이 꽉 차 있는데 자라면서 조금 궁근다. 주름살이 하얗거나 연분홍빛인 어린 버섯을 먹는다.

식용
크기 중형~대형
구분 분해균
특징 문지르면 노랗게 바뀐다.

흰주름버섯 큰들버섯^북 *Agaricus arvensis*

흰주름버섯은 늦여름부터 가을까지 풀밭, 목장, 길가, 숲 언저리에서 자란다. 주름버섯 가운데 큰 편이다. 갓은 어릴 때 둥근 산 모양인데 안쪽으로 말린 가장자리가 자라면서 펴진다. 문지르거나 칼로 베면 노랗게 바뀐다. 주름살은 하얗다가 자라면서 점점 검붉은 밤색으로 바뀐다. 대 겉에는 가는 비늘 조각이 있다. 속은 비어 있다. 어린 버섯이나 주름살이 아직 하얗거나 살구색일 때 먹는다. 맛과 냄새가 좋고 씹으면 쫄깃쫄깃하다. 하지만 날로 먹거나 덜 익혀 먹으면 안 된다.

다 자라면 껍질이 위쪽부터 찢어지면서
포자가 겉으로 드러난다.

식용
크기 중형~대형
구분 분해균
특징 알전구처럼 생겼다.

말징버섯 두뇌버섯^북, 두뇌먼지버섯^북 *Calvatia craniiformis*

말발굽에 박는 징처럼 생겼다고 '말징버섯'이다. 여름부터 가을까지 넓은잎나무 숲 속 기름진 땅에 홀로 나거나 무리 지어 난다. 버섯 머리는 둥글넓적하고 큰 것은 어른 주먹만 하다. 겉에 고운 가루 같은 비늘 조각이 덮여 있다. 자라면서 쭈글쭈글한 주름이 생기고 겉껍질이 터진다. 속살은 희고 탱탱한데 점차 누런 밤색으로 바뀌고 고약한 냄새를 풍기면서 녹는다. 그러면 밤색 포자 덩어리가 드러나고 바람에 포자가 날려 퍼진다. 어린 버섯을 먹는데 조금 매운맛이 난다.

식용
크기 중형
구분 분해균
특징 주름살이 먹물처럼 녹는다.

먹물버섯 비늘먹물버섯^북 *Coprinus comatus*

주름살이 먹물처럼 시커멓게 녹아내린다고 '먹물버섯'이다. 봄부터 가을까지 기름진 풀밭, 공원, 길가에 무리 지어 난다. 어릴 때 갓은 달걀을 세워 놓은 것처럼 대를 덮고 있다가 시나브로 종 모양으로 피면서 조각조각 갈라진다. 겉에 실처럼 가는 비늘 조각이 빽빽이 덮여 있다. 주름살은 처음에는 하얀데 점점 까매지다가, 까만 물로 녹아내리면서 포자가 퍼진다. 갓이 피기 전에 어린 버섯을 먹는다. 약한 독이 있어서 꼭 익혀 먹어야 한다.

약용
크기 소형
구분 분해균
특징 속에 까만 알이 들어 있다.

좀주름찻잔버섯 밭도가니버섯^북 *Cyathus stercoreus*

좀주름찻잔버섯은 여름 들머리부터 가을까지 썩은 나무, 왕겨, 소똥, 두엄 더미, 거름기가 많은 땅에 무리 지어 난다. 사람 사는 곳 가까이에 흔히 난다. 꼭 찻잔처럼 생긴 아주 작은 버섯이다. 어릴 때는 공처럼 생겼다. 겉껍질은 빳빳한 털로 덮여 있다. 자라면서 구멍이 벌어지며 찻잔처럼 바뀐다. 다 자라면 구멍을 덮은 하얀 막이 찢어진다. 속에는 작고 동글납작한 까만 알이 30~35개 들어 있는데 그 속에 포자가 있다. 소화가 잘 안 되거나 위가 쓰릴 때 달이거나 가루로 먹는다.

크기 소형
구분 분해균
특징 가루 같은 알갱이가 붙어 있다.

참낭피버섯 주름우산버섯^북 *Cystoderma amianthinum*

참낭피버섯은 여름부터 가을까지 바늘잎나무가 자라는 숲 속 낙엽이
쌓인 곳이나 풀밭에 흔하게 난다. 홀로 나거나 모여 나는데 버섯고리를
만들기도 한다. 어릴 때는 갓이 원뿔이나 둥근 산 모양이다. 자라면서
가장자리가 펴지고 가운데는 볼록하다. 갓 겉에는 가루나 작은 알갱이
같은 비늘 조각이 빽빽하게 붙어 있다. 자라면서 우산살 같은 주름이
생긴다. 주름살은 하얗다가 노랗게 바뀐다. 대 속은 비어 있고 턱받이는
대 위쪽에 붙어 있다. 독은 없지만 맛이 없어서 잘 안 먹는다.

식용
크기 소형
구분 분해균
특징 먼지 같은 포자를 내뿜는다.

말불버섯 먼지버섯, 봉오리먼지버섯^북 *Lycoperdon perlatum*

말불버섯은 여름부터 늦가을까지 숲 속이나 풀밭, 길가에서 흔히 난다. 머리 위쪽 가운데에 가시처럼 뾰족한 돌기가 모여 있다. 돌기가 떨어져 나가면 곰보 자국처럼 흔적이 남아 그물 무늬를 이룬다. 살은 하얗다가 밤색으로 바뀌고 고약한 냄새를 풍기며 녹아내린다. 다 자란 버섯은 머리 꼭대기에 난 작은 구멍으로 먼지 같은 포자를 내뿜는다. 어린 버섯을 먹는데 매운맛이 나지만 맛있다. 하지만 독버섯인 어린 광대버섯과 닮아서 잘 가려야 한다.

독흰갈대버섯

Chlorophyllum neomastoideum
한두 개만 먹어도 몇 시간 안에
토하거나 설사를 한다.

식용

크기 대형

구분 분해균

특징 키가 크고 대가 얼룩덜룩하다.

큰갓버섯 큰우산버섯^북, 종이우산버섯^북 *Macrolepiota procera*

큰갓버섯은 갓 지름이 30cm 넘게 큰 것도 있고, 키도 40cm쯤 되서 눈
에 확 띈다. 여름부터 가을까지 숲 언저리, 풀밭, 목장에 홀로 나거나 흩
어져 난다. 어디서나 보이는 흔한 버섯이다. 맛이 좋고 향도 진해서 먹을
수 있지만 꼭 익혀 먹어야 한다. 또 독버섯인 독흰갈대버섯과 닮아서 잘
살펴보고 가려야 한다. 문지르거나 상처를 내면 큰갓버섯은 색이 안 바
뀌는데, 독흰갈대버섯은 붉은 밤색으로 바뀌어서 다르다.

노란달걀버섯 *Amanita javanica*
개나리광대버섯과 닮았는데.
먹는 버섯이다.

독버섯
크기 중형
구분 공생균
특징 갓이 노랗고 독이 세다.

개나리광대버섯 알광대버섯아재비 *Amanita subjunquillea*

갓 빛깔이 개나리꽃처럼 노랗다고 '개나리광대버섯'이다. 여름부터 가을까지 숲 속 땅 위에 홀로 나거나 흩어져 나는데 드물다. 먹으면 죽을 수도 있는 독버섯이다. 먹은 지 6~24시간이 지나면 배가 아주 아프고 토하거나 설사를 한다. 빨리 병원에 가서 치료 받아야 한다. 먹는 버섯인 '노란달걀버섯'과 닮았다. 노란달걀버섯은 개나리광대버섯보다 갓이 크고 갓 가장자리에 우산살처럼 뻗은 선이 있다. 또 턱받이가 노랗고 두껍다.

식용, 독
크기 중형
구분 공생균
특징 갓이 선명한 노란 밤색이다.

고동색광대버섯 밤색학버섯[북] *Amanita fulva*

우산광대버섯과 닮았는데 갓이 고동색이어서 '고동색광대버섯'이다.
광대버섯이지만 턱받이가 없다. 여름부터 가을까지 넓은잎나무가 많은
숲 속 땅에 홀로 나거나 두세 개씩 모여 난다. 소나무, 너도밤나무, 졸참
나무, 상수리나무 둘레에 흔하다. 갓 가운데는 진한 밤색이고 가장자리
로 갈수록 연해진다. 가장자리에 길고 뚜렷한 줄무늬가 있다. 주름살은
하얗고 빽빽하다. 대는 아래로 갈수록 굵어진다. 겉에 손거스러미 같은
비늘 조각이 붙어 있다. 먹을 수 있지만 날로 먹으면 안 된다.

독버섯
크기 소형~중형
구분 공생균
특징 갓 가장자리에 깊은 골이 있다.

긴골광대버섯아재비 *Amanita longistriata*

갓 가장자리에 골처럼 깊이 파인 긴 줄무늬가 있다고 '긴골광대버섯아
재비'다. 여름부터 가을까지 졸참나무, 종가시나무 같은 넓은잎나무 숲
땅 위에 홀로 나거나 흩어져 난다. 갓은 어릴 때 종 모양이다가 둥근 산
처럼 퍼진다. 색도 잿빛에서 거무스름한 밤색으로 바뀐다. 주름살은 하
얗고 자라면서 연분홍빛을 띤다. 대는 하얗고 매끈하다. 먹으면 배가 아
프고 토하거나 설사를 하는 독버섯이다. 먹을 수 있는 우산광대버섯과
닮아서 조심해야 한다. 우산광대버섯은 턱받이가 없다.

어린 버섯은 하얀 알처럼 생겼다.
껍질 꼭대기를 찢고 갓과 대가
올라온다.

식용
크기 중형~대형
구분 공생균
특징 눈에 확 띄는 선명한 주황색이다.

달걀버섯 닭알버섯 북 *Amanita hemibapha*

하얗고 동그스름한 어린 버섯이 달걀을 닮았다고 '달걀버섯'이다. 여름
부터 가을까지 숲 속 땅에 홀로 나거나 흩어져 난다. 버섯고리를 이루기
도 한다. 상수리나무, 너도밤나무, 구실잣밤나무, 전나무, 솔송나무 둘
레에 흔히 난다. 갓은 둥근 산 모양이다가 시나브로 판판해진다. 붉은색
이나 주황색인데 겉은 매끈하다. 가장자리에 줄무늬가 뚜렷하다. 주름
살은 노랗다. 대는 연한 노란색이고, 하얗고 큰 대주머니가 밑동을 싸고
있다. 색깔이 예쁘고 맛도 좋아서 많이 먹는다.

독버섯
크기 중형~대형
구분 공생균
특징 독이 아주 센 버섯이다.

독우산광대버섯 학독버섯^북 *Amanita virosa*

독우산광대버섯은 하나만 먹어도 목숨을 잃을 만큼 독이 아주 세다. 먹은 지 10시간쯤 지나면 배가 아프고 설사를 하며 심하게 토한다. 탈수 증상과 경련이 일어나는데 빨리 병원에 가지 않으면 2~3일 안에 죽는다. 여름부터 가을까지 숲 속 땅에 홀로 나거나 무리 지어 난다. 떡갈나무, 벚나무, 너도밤나무 둘레에 흔히 난다. 어린 버섯은 알처럼 둥글고, 온몸이 눈부실 만큼 새하얗다. 어린 버섯은 먹을 수 있는 말불버섯과 닮았고, 갓이 폈을 때는 흰주름버섯과 닮아서 아주 조심해야 한다.

독버섯
크기 대형
구분 공생균
특징 대주머니가 고리 모양으로 남아 있다.

마귀광대버섯 점갓닭알독버섯^북 *Amanita pantherina*

허연 비늘 조각이 붙어 있는 어린 버섯이 마귀 같다고 '마귀광대버섯'
이다. 여름부터 가을까지 숲 속 땅에 홀로 나거나 무리 지어 난다. 어디
서나 흔하다. 갓은 어릴 때 둥근 산 모양이다가 자라면서 판판해진다.
가운데가 오목한 것도 있다. 누런 밤색이나 잿빛 밤색을 띠는데 겉에 하
얀 비늘 조각이 여기저기 흩어져 있다. 가장자리는 색이 연하고 긴 줄무
늬가 있다. 주름살은 하얗고 빽빽하다. 대는 길고 조금 휘었다. 독이 강
해서 먹으면 헛것이 보이고 흥분되거나 경련을 일으킨다.

독버섯
크기 중형~대형
구분 공생균
특징 대가 얼룩덜룩한 뱀 껍질 같다.

뱀껍질광대버섯 나도털자루닭알버섯[북] *Amanita spissacea*

대에 얼룩덜룩 붙은 비늘 조각이 마치 뱀 껍질 같다고 '뱀껍질광대버섯'이다. 여름부터 가을까지 숲 속 땅이나 숲 언저리 풀밭에 홀로 나거나 흩어져 난다. 어릴 때 갓은 둥근 산 모양이다가 자라면서 판판해진다. 가장자리가 위로 젖혀져 가운데가 오목해지기도 한다. 갓이 펴지면서 짙은 밤색 겉껍질이 터져 크고 작은 비늘 조각으로 흩어진다. 주름살은 하얗고 빽빽하다. 대 밑동이 알뿌리처럼 부풀었다. 독이 강해서 먹으면 구역질이 나거나 헛것이 보인다.

독버섯
크기 중형~대형
구분 공생균
특징 상처가 나면 빨갛게 바뀐다.

붉은점박이광대버섯 색갈이닭알버섯[북] *Amanita rubescens*

붉은점박이광대버섯은 갓이나 주름살을 문지르거나 상처를 내면 빨갛게 바뀐다. 여름부터 가을까지 숲 속 땅에 홀로 나거나 흩어져 난다. 갓겉에는 가루 덩어리 같은 비늘 조각이 더덕더덕 붙어 있다. 주름살은 하얗다가 다 자라면 붉은 밤색 얼룩이 생긴다. 대는 불그스름한 밤색인데 아래쪽이 더 진하다. 얇고 하얀 턱받이가 대 위쪽에 붙어 있다. 익히면 맛이 좋아서 먹기도 했지만 지금은 독버섯으로 친다. 먹으면 속이 울렁거리고 토하거나 설사를 한다.

독버섯
크기 소형~중형
구분 공생균
특징 밑동이 양파 같다.

비탈광대버섯 양파광대버섯 *Amanita abrupta*

둥글게 부푼 밑동이 비탈처럼 가파르다고 '비탈광대버섯'이다. 밑동이
양파처럼 생겼다고 '양파광대버섯'이라고도 한다. 여름부터 가을까지
넓은잎나무와 바늘잎나무가 섞여 자라는 숲 속 땅에 홀로 나거나 흩어
져 나는데 드물다. 온몸이 새하얗고, 갓과 둥글게 부푼 밑동에 뾰족한
돌기가 더덕더덕 붙어 있어서 쉽게 알아본다. 턱받이는 대 위쪽에 붙어
있다. 독이 강해서 먹으면 배가 아프고 토하거나 설사를 한다. 두세 개
만 먹어도 죽을 수 있다.

독버섯
크기 소형
구분 공생균
특징 갓에 돌기가 흩어져 있다.

파리버섯 *Amanita melleiceps*

옛날에는 이 버섯으로 파리를 잡았다고 '파리버섯'이다. 버섯을 으깨
밥에 비벼 놓아두면 파리가 먹고 죽는다. 사람이 먹어도 배가 아프고
토하거나 설사를 하고 헛것이 보이기도 한다. 여름부터 가을까지 바람
이 잘 통하고 메마른 숲 속 땅에 흩어져 난다. 갓은 연한 노란색인데 겉
에 하얗거나 노란 가루 덩어리 같은 돌기가 퍼져 있다. 가장자리에는 우
산살처럼 뻗은 줄무늬가 있다. 주름살은 하얗고 성글다.

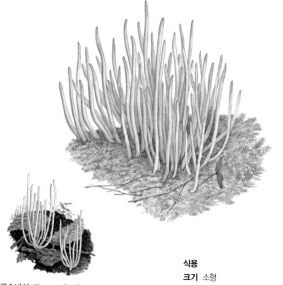

국수버섯 *Chavaria fragilis*
온몸이 하얗고 넓은잎나무 숲에 난다.

식용
크기 소형
구분 공생균
특징 국수 가락처럼 가늘고 길다.

자주국수버섯 분홍색국수버섯^북 *Clavaria purpurea*

가늘고 길게 뻗은 모습이 국수 가락 같고 자줏빛이어서 이름이 '자주국
수버섯'이다. 가을에 바늘잎나무가 많은 숲 속 땅이나 풀밭에 수십 수
백 대가 무리 지어 난다. 소나무 둘레에 많다. 생김새는 둥글고 긴 막대
같다. 연한 자주색인데 다 자라면 색이 바래서 잿빛이나 밤빛을 띤다.
겉은 매끈하고 대 가운데에 세로로 얕은 홈이 있다. 속은 비었고 잘 부
스러진다. 색이 고와서 맑은 국물 요리에 띄우거나 샐러드에 넣지만, 살
도 무르고 별 맛은 없다.

크기 소형~중형
구분 공생균
특징 가지가 사슴뿔처럼 갈라진다.

쇠뜨기버섯 *Ramariopsis kunzei*

쇠뜨기를 닮았다고 '쇠뜨기버섯'이다. 산호초나 사슴뿔 같기도 하다.
다른 국수버섯과는 달리 가지가 여러 갈래로 갈라지고, 끝은 두 갈래로
갈라진다. 여름부터 가을까지 바늘잎나무가 많은 숲 속 땅이나 풀밭에
홀로 나거나 무리 지어 난다. 썩은 나무줄기에서도 나는데 아주 드물다.
어릴 때는 가지 끝이 뭉툭한데 자라면서 침처럼 뾰족해진다. 독은 없지
만 별다른 맛이나 향이 없어서 안 먹는다.

독버섯
크기 소형
구분 분해균
특징 갓 가장자리에 까만 띠가 있다.

검은띠말똥버섯 테두리웃음버섯[북] *Panaeolus subbalteatus*

갓이 마르면서 가장자리에 검은 띠무늬가 생긴다고 '검은띠말똥버섯'
이다. 여름부터 가을까지 소똥이나 말똥 위, 거름 준 땅, 두엄 더미 위에
무리 지어 난다. 갓 겉은 매끈한데 겉껍질이 갈라져서 작은 비늘조각이
생기는 것도 있다. 주름살은 잿빛인데 점점 까맣게 바뀐다. 대는 가늘고
길다. 밑동에 균사 덩어리가 붙어 있다. 자라면서 밤빛이 짙어진다. 잘못
먹으면 헛것이 보이고 술에 취한 것 같다. 독이 세지 않아서 하루쯤 지
나면 괜찮아진다. 말똥버섯보다는 독이 세다.

주름살은 잿빛이다가 까맣게 바뀐다.

독버섯
크기 소형
구분 분해균
특징 갓 깃이 살짝 말린다.

말똥버섯 웃음버섯^북 *Panaeolus papilionaceus*

말똥버섯은 봄부터 가을까지 소똥이나 말똥 위, 풀밭에 무리 지어 나거나 홀로 난다. 갓은 어릴 때 알처럼 둥글다. 자라면서 갓이 펴져서 종 모양이 된다. 갓 가장자리는 위로 살짝 말린다. 주름살은 잿빛이고 자라면서 까만 얼룩이 생기는데 다 자라면 온통 까맣다. 대는 가늘고 길다. 어두운 밤빛인데 겉에 하얀 가루 같은 비늘 조각이 붙어 있다. 먹으면 흥분하거나 헛것이 보이고 술 취한 것처럼 몽롱해진다. 하지만 독이 세지 않아서 하루 지나면 괜찮아진다.

독버섯
크기 소형~중형
구분 공생균
특징 하얀 주름살이 살구색으로 바뀐다.

삿갓외대버섯 검은활촉버섯^북 *Entoloma rhodopolium*

삿갓외대버섯은 늦여름부터 가을까지 넓은잎나무가 자라는 숲 속 땅에 홀로 나거나 흩어져 난다. 주름살은 하얗다가 자라면서 연한 살구색으로 바뀐다. 독이 아주 세서 1~3개만 먹어도 목숨을 잃을 수 있다. 먹으면 배가 아프고, 토하거나 설사를 하고 땀과 눈물, 침을 마구 흘리며 혈압이 떨어진다. 먹는 버섯인 외대덧버섯과 닮아 조심해야 한다. 외대덧버섯은 갓 겉에 얼룩이 있고 실 같은 하얀 비늘 조각이 덮여 있다. 또 대가 굵고 단단하며 속이 꽉 차 있어서 삿갓외대버섯과 다르다.

붉은꼭지외대버섯 *Entoloma quadratum*
진한 살구색인데 색이 바래면 노란꼭지버섯과
닮아서 가려내기 어렵다. 독버섯이다.

독버섯
크기 소형
구분 공생균
특징 갓 꼭대기에 뾰족한 돌기가 있다.

노란꼭지버섯 노란활촉버섯^북 *Inocephalus murrayi*

온몸이 노랗고 갓 꼭대기에 연필심처럼 작은 돌기가 뾰족하게 솟아서
'노란꼭지버섯'이다. 여름부터 가을까지 숲 속 축축한 땅이나 썩은 낙
엽 사이에 홀로 나거나 흩어져서 난다. 몇 개씩 무리 지어 나기도 한다.
갓은 삿갓처럼 생겼고 가장자리가 물결치듯 주름진다. 살은 연한 노란
색인데 마르면 하얗게 바뀐다. 주름살은 성글다. 대는 위아래 굵기가 비
슷하고 비틀리거나 굽어 있는 버섯이 많다. 밑동은 하얗다. 독이 있어서
먹으면 배가 아프다.

식용, 약용
크기 소형
구분 공생균
특징 빛깔이 자수정처럼 곱다.

자주졸각버섯 보리빛깔때기버섯^북 *Laccaria amethystina*

졸각버섯과 닮았는데 자줏빛을 띤다고 '자주졸각버섯'이다. 여름부터
가을까지 온 나라에서 흔히 본다. 들판에서 높은 산까지, 넓은잎나무
숲과 바늘잎나무 숲, 거친 땅이나 오염된 땅을 안 가리고 난다. 홀로 나
거나 무리 지어 난다. 갓 가운데는 배꼽처럼 옴폭 파였다. 주름살은 갓
보다 더 진한 자주색이다. 대는 굽어 있는데 갓과 같은 색이고 세로로
가는 힘줄이 있다. 쫄깃하고 맛이 담백하지만 크기가 작아 많이 먹지는
않는다. 암을 막는 약으로도 쓴다.

색시졸각버섯
Laccaria vinaceoavellanea
갓 가운데가 배꼽처럼 옴폭 들어갔다.

식용, 약용
크기 소형
구분 공생균
특징 갓 가운데 비늘 조각이 퍼져 있다.

졸각버섯 살색깔때기버섯^북 *Laccaria laccata*

졸각버섯은 여름부터 가을까지 숲 속 땅이나 길가에 무리 지어 나거나 흩어져 난다. 어디서나 흔하다. 갓 가운데는 오목하고 가는 비늘 조각이 촘촘하게 퍼져 있다. 살구색이나 밤색을 띤 연분홍색인데 물기를 머금으면 색이 짙어진다. 주름살은 살구색이고 성글다. 대는 갓과 같은 색이고 세로로 가는 힘줄이 있고 질기다. 맛이 좋고 쫄깃쫄깃해서 먹을 수 있지만 너무 작아서 잘 안 먹는다. 소화가 안 될 때 약으로 먹기도 한다.

식용, 독
크기 소형~중형
구분 분해균
특징 갓이 깔때기 같다.

배불뚝이연기버섯 검은깔때기버섯^북 *Ampulloclitocybe clavipes*

배불뚝이연기버섯은 여름부터 가을까지 숲 속 땅이나 썩은 낙엽 더미 위에 흩어져 나거나 무리 지어 난다. 버섯고리를 이루기도 한다. 소나무 나 낙엽송 둘레에서 잘 자란다. 갓 가운데가 눌린 것처럼 살짝 꺼져서 깔때기 모양이다. 주름살은 하얗거나 연한 노란색이고 성글다. 대는 뭉 툭하고 밑동이 크게 부풀었다. 맛이 좋고 쫄깃쫄깃해서 많이 먹는다. 하 지만 술과 함께 먹으면 사람에 따라 중독 증상이 나타나기도 한다. 심하 면 의식을 잃을 수도 있다.

식용, 독
크기 소형
구분 공생균
특징 다 자라면 온몸이 까맣게 바뀐다.

이끼꽃버섯 *Hygrocybe psittacina*
이끼 사이에 흔히 난다.

꽃버섯 붉은고깔버섯^북 *Hygrocybe conica*

꽃버섯은 여름부터 가을까지 흔히 볼 수 있다. 풀밭, 숲 속 땅에 홀로 나거나 무리 지어 난다. 어릴 때는 갓 꼭대기가 뾰족하거나 원뿔꼴이다. 자라면서 판판하게 펴지는데 가운데는 볼록하다. 어릴 때는 붉은색이 뚜렷하지만 자랄수록 옅은 잿빛을 띠다가 다 자라면 까맣게 바뀐다. 주름살은 조금 성글다. 대는 노랗고 아래로 갈수록 옅어져서 밑동은 하얗다. 어린 버섯은 색이 고와서 요리에 넣어 먹기도 하는데 사람에 따라 중독되기도 한다. 아직 독성분은 밝혀지지 않았다.

식용
크기 중형
구분 공생균
특징 버섯고리가 넓게 퍼진다.

다색벚꽃버섯 붉은무리버섯[북], 밤버섯 *Hygrophorus russula*

다색벚꽃버섯은 밤나무 둘레에 많이 나서 '밤버섯'이라고도 한다. 가을
에 상수리나무, 졸참나무, 너도밤나무 같은 넓은잎나무 숲 속 땅에 무리
지어 나는데 흔히 버섯고리를 이룬다. 해마다 버섯고리가 점점 커져서
산등성이 너머까지 퍼지기도 한다. 갓 가운데는 어두운 밤색이나 붉은
자주색인데 가장자리로 갈수록 옅어진다. 주름살은 하얗다가 차차 어
두운 밤색 얼룩이 생긴다. 쓴맛이 있지만 부드럽고 씹는 맛이 좋아 흔히
볶음이나 탕에 넣어 먹는다.

털땀버섯 *Inocybe maculata*
갓 가운데에 하얀 비늘 조각이 붙어
있다. 독버섯이다.

독버섯
크기 소형
구분 공생균
특징 중독되면 땀을 흘린다.

솔땀버섯 땀독버섯^북 *Inocybe rimosa*

갓 가운데가 볼록하고 겉이 우산살처럼 갈라진 모습이 꼭 솔처럼 생겼
다고 '솔땀버섯'이다. 여름부터 가을까지 숲 속 땅이나 길가에 흩어져
나거나 작게 무리 지어 난다. 흔히 너도밤나무 둘레에 많이 난다. 갓 가
운데는 색이 조금 진하다. 겉에 실 모양 선이 뚜렷하다. 대 밑동은 약간
부풀었다. 먹으면 땀이 많이 나고 침과 눈물도 나온다. 토하거나 배가
아프고 숨을 잘 못 쉬고 앞이 잘 안 보이기도 한다. 하지만 독이 적어서
두어 시간 지나면 괜찮아진다.

덧부치버섯은 절구무당버섯이나
젖버섯 같은 무당버섯 무리 갓 위에
붙어 자란다.

크기 소형
구분 기생균
특징 살에서도 포자를 만든다.

덧부치버섯 덧붙이애기버섯^북 *Asterophora lycoperdoides*

다른 버섯에 붙어 더부살이한다고 '덧부치버섯'이다. 여름부터 가을까
지 오래되거나 썩은 버섯 갓 위에 무리 지어 난다. 절구무당버섯과 애기
무당버섯에 흔히 난다. 갓은 하얗고 겉은 매끈하다가 흙빛 가루 덩이로
바뀐다. 주름살도 하얗고 두껍다. 주름살뿐만 아니라 갓에서도 포자를
만든다. 대는 짧고 없는 것도 있다. 먹을 수 있는지, 독이 있는지는 아직
뚜렷하게 밝혀지지 않았다.

식용, 약용
크기 중형
구분 분해균
특징 대가 빽빽이 뭉쳐난다.

잿빛만가닥버섯 무리버섯^북 *Lyophyllum decastes*

잿빛만가닥버섯은 어디서나 흔하다. 여름부터 늦가을까지 숲 속 풀밭
이나 땅 위, 죽은 나무 뿌리나 땅에 묻힌 나무에서 빽빽하게 뭉쳐나거나
무리 지어 난다. 땅에 떨어진 나뭇가지나 쌓인 낙엽에서도 자란다. 쫄깃
쫄깃하고 맛이 좋아서 많이 먹는 버섯이다. 일본이나 중국에서 즐겨 먹
고, 키워서 수출도 한다. 야생 버섯은 약한 독이 있어서 사람에 따라 중
독될 수도 있다. 면역력을 높이고, 암과 고혈압을 막는 힘이 있어서 약
으로도 쓴다.

애기낙엽버섯 *Marasmius siccus*
종이꽃낙엽버섯과 꼭 닮았다. 갓은
누런 흙색이나 붉은 밤색이다.

크기 소형
구분 분해균
특징 갓이 빨갛고 얇다.

종이꽃낙엽버섯 앵두낙엽버섯 *Marasmius pulcherripes*

갓이 종이처럼 얇고 고운 빨간색을 띠고 있어서 '종이꽃낙엽버섯'이다.
큰낙엽버섯과 닮았는데 갓이 빨갛고 아주 작다. 여름부터 가을까지 숲
속 낙엽 위에 무리 지어 나거나 흩어져 난다. 갓은 꽃분홍색이고 가운데
는 색이 짙다. 겉은 매끈하고 우산살처럼 홈이 나 있다. 자라면서 가장
자리가 물결치듯 구불거린다. 주름살은 하얗고 자라면서 연한 붉은색
으로 바뀐다. 대는 가늘고 질기며 반들반들하다. 독은 없지만 작고 살
이 질겨서 안 먹는다.

크기 소형~중형
구분 분해균
특징 낙엽버섯 가운데 가장 크다.

큰낙엽버섯 큰낙엽버섯^북 *Marasmius maximus*

낙엽버섯 무리 가운데 가장 커서 '큰낙엽버섯'이다. 봄부터 가을까지
삼나무 숲이나 여러 나무가 섞여 자라는 숲 속에 쌓인 낙엽 사이에서
무리 지어 난다. 여름 들머리에 흔하다. 갓은 활짝 피면 위로 젖혀지기도
한다. 연한 밤색인데 가운데는 짙은 색을 띤다. 겉에 길고 뚜렷하게 파
인 줄이 있다. 주름살은 갓보다 색이 연하고 성글다. 대는 가늘고 질긴
힘줄이 있다. 밑동에는 솜털처럼 생긴 균사가 붙어 있다. 독은 없지만 질
기고 맛이 없어서 안 먹는다.

독버섯
크기 소형
구분 분해균
특징 갓이 여러 가지 색을 띤다.

맑은애주름버섯 색갈이줄이갓버섯^북 *Mycena pura*

맑은애주름버섯은 여름부터 가을까지 숲 속 낙엽이나 썩은 나무 위에
흩어져 나거나 무리 지어 난다. 어디서나 흔하다. 갓은 분홍색, 자주색,
하얀색, 연보라색처럼 여러 색을 띤다. 물기를 머금으면 우산살 같은 줄
무늬가 나타난다. 가장자리는 물결치듯 구불거린다. 주름살은 갓과 같
은 색이고 폭이 넓고 성글다. 대는 가늘고 밑동이 하얀 균사로 덮여 있
다. 아주 센 독이 있어서 잘못 먹으면 땀이 나고 헛것이 보인다. 심하면
죽을 수도 있다.

크기 소형
구분 분해균
특징 갓과 대에서 핏빛 물이 나온다.

적갈색애주름버섯 피빛줄갓버섯^북 *Mycena haematopus*

적갈색애주름버섯은 갓이나 대에 상처가 나면 피처럼 검붉은 물이 나
온다. 여름부터 가을까지 죽은 나무줄기나 그루터기에 뭉쳐나거나 무리
지어 난다. 어디서나 흔하다. 갓은 연한 자주색이고 가운데는 색이 짙
다. 가장자리는 자잘한 톱니 같다. 물기를 머금으면 우산살 같은 줄무늬
가 나타난다. 주름살은 어릴 때 잿빛이다가 시나브로 살구색으로 바뀌
고 불그스름한 밤빛 얼룩이 생긴다. 대는 가늘고 길며 약간 구부러진다.
밑동에 기친 흰색 균사가 붙어 있다. 독은 없지만 안 먹는다.

약용
크기 소형
구분 분해균
특징 갓 가운데가 배꼽처럼 오목하다.

이끼살이버섯 밤색애기배꼽버섯^북 *Xeromphalina campanella*

이끼가 난 곳에 흔히 자란다고 '이끼살이버섯'이다. 여름부터 가을까지
바늘잎나무 숲 속 썩은 나무나 그루터기, 나무 줄기를 덮고 있는 이끼
위에 무리 지어 난다. 어디서나 흔하다. 갓은 붉은빛을 띤 노란색이고,
가운데가 오목하게 들어간다. 물기를 머금으면 가장자리에 우산살 같은
줄무늬가 나타난다. 주름살은 성글고 연한 노란색이다. 대는 아주 가늘
고 구부러져 있다. 빳빳한 털처럼 생긴 노란 균사가 밑동을 둥그렇게 감
싼다. 아주 작고 살이 얇아서 먹지는 않고, 암을 막는 약으로 쓴다.

약용, 식용, 독
크기 소형
구분 분해균
특징 대에 짧은 털이 있다.

애기밀버섯 나도락엽버섯^북 *Gymnopus confluens*

애기밀버섯은 여름부터 가을까지 숲 속 낙엽이 쌓인 곳에 뭉쳐나거나 무리 지어 난다. 때때로 버섯고리를 이룬다. 갓은 살구색이고, 어릴 때는 둥근 산처럼 생겼다가 자라면서 판판해진다. 겉은 매끈하고 가는 줄무늬가 있다. 주름살은 하얗다가 살구색으로 바뀐다. 대에는 하얗고 짧은 털이 빽빽이 나 있다. 밑동에 솜털 같은 균사가 있어서 낙엽에 붙는다. 대 속은 자라면서 궁근다. 먹을 수 있지만 사람에 따라 날것을 먹으면 중독된다. 항생 물질이 있어서 약으로도 쓴다.

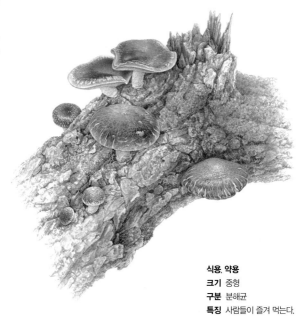

식용, 약용
크기 중형
구분 분해균
특징 사람들이 즐겨 먹는다.

표고 참나무버섯[북] *Lentinula edodes*

표고는 봄가을에 죽은 참나무 줄기나 나뭇가지, 그루터기에 홀로 나거나 무리 지어 난다. 갓은 둥그스름하고 가장자리가 안쪽으로 말린다. 두껍고 탱탱하며 짙은 향이 난다. 겉에 실처럼 생긴 비늘 조각이 덮여 있다. 마르면 거북등무늬처럼 갈라지기도 한다. 주름살은 하얗고 빽빽하다. 사람들이 즐겨 먹는 버섯으로 오래 전부터 길러 먹었다. 야생에는 드물다. 볕에 말리면 비타민 D가 많이 생기고 향도 짙어진다. 몸에 좋은 성분이 많고 암을 막아서 약으로도 쓴다.

반으로 잘라 보면 대 밑동에
검붉은 얼룩이 있다.

독버섯, 약용
크기 대형
구분 분해균
특징 어두운 곳에서 빛을 낸다.

화경버섯 독느타리버섯^북, 달버섯 *Omphalotus japonicus*

화경버섯은 여름 들머리부터 가을까지 죽은 넓은잎나무 줄기에 무리 지어 난다. 해마다 광릉에서 볼 수 있고, 지리산과 설악산에서 드물게 본다. 멸종위기종이다. 갓 겉에는 작은 비늘 조각이 있다. 살은 하얗고 아주 두껍다. 주름살은 어릴 때 노랗다가 자라면서 하얗게 바뀐다. 주름살과 포자가 어두운 곳에서 푸르스름한 빛을 낸다. 이 빛으로 벌레를 꾀어 포자를 퍼뜨린다. 대는 짧고 굵으며 갓 옆에 붙는다. 잘못 먹으면 복통, 구토, 설사가 나고 심하면 죽을 수도 있다.

식용, 독
크기 소형~중형
구분 기생균
특징 균사 다발이 나무뿌리를 썩힌다.

어린 버섯

뽕나무버섯 개암나무버섯^북 *Armillaria mellea*

뽕나무버섯은 여름부터 가을까지 살아 있는 나무 밑동이나 그루터기, 죽은 나무줄기에 무리 지어 나거나 뭉쳐난다. 밑동에 있는 긴 균사 다발이 나무껍질 아래로 뻗어 가면서 나무를 죽게 한다. 갓은 둥근 산처럼 생겼다가 자라면서 판판해지고 가운데는 오목하다. 거친 비늘 조각이 빽빽하게 덮여 있다. 주름살은 하얗다가 연한 밤빛 얼룩이 생긴다. 대 아래가 약간 부풀었다. 맛과 향이 좋고 살이 단단하고 쫄깃쫄깃해서 많이 먹는데, 날로 먹으면 중독될 수 있다.

식용, 독
크기 소형~중형
구분 기생균
특징 뽕나무버섯과 닮았다.

뽕나무버섯부치 나도개암버섯^북 *Armillaria tabescens*

뽕나무버섯부치는 뽕나무버섯과 닮았는데 턱받이가 없고 갓 색이 더 밝다. 여름부터 가을까지 죽은 나무 그루터기나 살아 있는 나무 밑동에 뭉쳐나거나 무리 지어 난다. 뽕나무버섯처럼 까맣고 철사처럼 빳빳한 균사 다발이 나무뿌리에 파고들어 병을 일으킨다. 갓은 가운데가 오목하고 연한 밤빛 비늘 조각이 빽빽이 덮여 있다. 씹는 맛이 쫄깃쫄깃한데 독이 조금 있어서 소금물에 데친 뒤 물에 여러 번 헹궈 먹는다. 날로 안 먹고, 너무 많이 먹지 말아야 한다.

나무줄기 썩은 곳이나 그루터기에
뭉쳐나거나 무리 지어 난다.

식용
크기 소형
구분 분해균
특징 겨울에도 난다.

팽나무버섯 팽이버섯 *Flammulina velutipes*

팽나무버섯은 흔히 '팽이버섯'이라고 한다. 늦가을부터 이듬해 봄까지
팽나무, 미루나무 같은 넓은잎나무를 베어 낸 나무줄기나 그루터기, 죽
은 나뭇가지에 뭉쳐나거나 무리 지어 난다. 추운 겨울 눈 속에서도 난다.
갓은 잘 구운 빵처럼 노란 밤색을 띤다. 대 겉에는 짧은 털이 빽빽하게
나 있다. 향이 달콤하고 맛도 부드러워서 많이 먹는다. 우리가 흔히 먹
는 팽이버섯은 팽나무버섯을 흰색으로 키운 것이다. 맛과 향은 야생버
섯보다 덜하지만 오래 두고 먹을 수 있다.

식용, 약용
크기 소형~중형
구분 분해균
특징 끈적한 점액이 덮여 있다.

끈적끈끈이버섯 진득고리버섯^북 *Oudemansiella mucida*

끈적끈끈이버섯은 갓과 대에 끈적끈적한 점액이 덮여 있다. 여름부터
가을까지 넓은잎나무를 베어 낸 그루터기나 나무줄기에 뭉쳐나거나 무
리 지어 난다. 갓은 두꺼운 점액이 덮여 있어서 물기를 머금으면 끈적거
리고 우산살 같은 줄무늬가 나타난다. 주름살은 하얗고 사이가 성글다.
대는 구부러져 있고 밤빛 비늘 조각이 덮여 있다. 대 위쪽에 얇고 하얀
턱받이가 붙어 있다. 끓이면 맛있는 즙이 우러나서 국에 넣어 먹는다.
암을 막는 약으로도 쓴다.

식용, 약용
크기 중형~대형
구분 분해균
특징 나는 철마다 갓 색깔이 다르다.

느타리 미루나무버섯 *Pleurotus ostreatus*

느타리는 미루나무에서 많이 난다고 '미루나무버섯'이라고도 한다. 늦가을과 봄에 두 번 난다. 겨울에도 볼 수 있다. 죽은 나뭇가지나 그루터기, 쓰러진 나무줄기에 무리 지어 난다. 미루나무, 은사시나무, 플라타너스에 흔히 난다. 갓은 반원이나 조개 모양이다. 가을에 나는 버섯은 갓이 잿빛이고 봄에 나는 버섯은 밤색이다. 주름살은 하얗고 빽빽하다. 대는 옆으로 붙고 짧다. 밑동에 짧고 가는 균사가 빽빽이 붙어 있다. 맛있고 쫄깃해서 많이 먹는 버섯이다.

빨간난버섯 *Pluteus aurantiorugosus*
노란난버섯과 닮았는데 갓 빛깔이
주홍색이다. 먹는 버섯이다.

식용
크기 소형
구분 분해균
특징 갓이 샛노랗다.

노란난버섯 노란갓노루버섯^북 *Pluteus leoninus*

노란난버섯은 봄부터 가을까지 넓은잎나무 숲 속 썩은 참나무 줄기에 뭉쳐나거나 무리 지어 난다. 홀로 나기도 한다. 갓은 물기를 머금으면 가장자리에 우산살 같은 줄무늬가 뚜렷하다. 주름살은 하얗고 포자가 익으면 살구색으로 바뀐다. 대는 밑동이 조금 부풀었고 하얗거나 연한 노란빛이다. 세로로 질기고 가는 힘줄이 있다. 아래쪽에 진한 밤색 비늘 조각이 붙어 있다. 색이 예뻐서 음식에 곁들이는데 별 맛은 없다.

식용
크기 중형~대형
구분 분해균
특징 어릴 때는 꼭 달걀 같다.

풀버섯 주머니버섯[북] *Volvariella volvacea*

풀버섯은 커다란 대주머니가 밑동을 싸고 있다. 흰비단털버섯과 닮았는데, 갓과 대주머니가 검은 밤색이다. 여름철 덥고 습할 때 두엄 더미나 톱밥이 쌓인 곳에 홀로 나거나 무리 지어 난다. 어릴 때는 까맣고 달걀처럼 생겼는데, 나중에 갓과 대가 꼭대기를 찢고 나온다. 갓에는 비늘 조각이 빽빽하게 덮여 있다. 주름살은 하얗다가 포자가 익으면 살구색으로 바뀐다. 대 밑동은 둥글게 부풀었다. 알처럼 생긴 어린 버섯을 먹는데 맛이 좋아서 일부러 키우기도 한다.

크기 대형
구분 분해균
특징 대주머니가 크다.

흰비단털버섯 노란주머니버섯^북 *Volvariella bombycina*

흰비단털버섯은 갓에 비단실처럼 반들거리는 하얀 털이 덮여 있다. 또 컵처럼 생긴 커다랗고 노란 대주머니가 밑동을 싸고 있다. 여름부터 가을까지 죽은 넓은잎나무 줄기나 그루터기에 홀로 나거나 무리 지어 난다. 버드나무나 피나무에서 잘 자란다. 어릴 때는 달걀 같고 꼭대기에서 갓과 대가 나온다. 갓은 하얗거나 연한 노란빛을 띤다. 주름살은 하얗다가 포자가 익으면 살구색이 된다. 대는 아래로 갈수록 가늘어지고 밑동은 둥글게 부푼다. 먹을 수는 있지만 맛이 없어서 그다지 안 먹는다.

크기 소형
구분 분해균
특징 둘레에 노란 균사 덩이가 있다.

황갈색먹물버섯 작은반들먹물버섯북 *Coprinellus radians*

황갈색먹물버섯은 여름부터 가을까지 넓은잎나무 그루터기나 썩은 나무줄기에 뭉쳐나거나 무리 지어 난다. 갓은 자라면서 판판하게 핀다. 누런 밤색이다가 시나브로 연해진다. 겉에 허연 비늘 조각이 붙어 있는데 쉽게 떨어져 나간다. 가장자리에는 우산살 같은 주름이 있다. 밤에 피었다가 금세 시들거나 녹아서 활짝 핀 것은 보기 힘들다. 주름살은 하얗다가 밤색으로 바뀐다. 대는 하얗고 겉이 매끈하다. 밑동과 그 둘레에 소털 같은 뻣뻣한 균사 덩이가 덮여 있다. 독은 없다.

독버섯
크기 중형
구분 분해균
특징 술과 함께 먹으면 중독된다.

두엄먹물버섯 먹물버섯^북 *Coprinopsis atramentaria*

두엄먹물버섯은 먹물버섯처럼 갓이 녹아내린다. 봄부터 가을까지 두엄 더미나 밭처럼 거름기가 많은 곳에 뭉쳐나거나 무리 지어 난다. 갓 가장 자리에 파인 줄무늬가 있다. 주름살은 잿빛에서 붉은 밤색으로 바뀌다 가 까맣게 되면서 가장자리부터 녹는다. 대는 위로 갈수록 가늘고 밑동 은 땅속으로 길게 뻗는다. 독이 있어서 술과 함께 먹으면 가슴이 뛰고 어지럽고 숨을 잘 못 쉰다. 독은 몸속에 사나흘 남아서 며칠 지나 술을 먹어도 중독 증상이 또 나타난다.

크기 소형~중형
구분 분해균
특징 단단한 땅에서도 잘 난다.

큰눈물버섯 *Lacrymaria lacrymabunda*

큰눈물버섯은 봄부터 늦가을까지 숲 속 땅 위나 풀밭, 정원, 길가 어디서나 흔히 볼 수 있다. 거칠고 단단한 땅에서도 무리 지어 잘 난다. 갓 겉에는 짧고 거친 털 같은 비늘 조각이 빽빽하게 덮여 있다. 주름살은 연한 밤색이다가 검은 얼룩이 생기면서 까맣게 바뀐다. 대는 아래가 조금 굵고 갓처럼 비늘 조각이 붙어 있다. 거미줄 같은 턱받이는 대 위쪽에 붙어 있는데 곧 떨어져 나간다. 빛깔은 하얀데 까만 포자가 묻어 있어서 까맣게 보인다. 요즘에 위 중독을 일으키기도 했다.

독버섯
크기 중형~대형
구분 분해균
특징 먹으면 신경에 이상이 생긴다.

갈황색미치광이버섯 웃음독벗은갓버섯^북 *Gymnopilus spectabilis*

많이 먹으면 미친 듯이 날뛰거나 웃는다고 '갈황색미치광이버섯'이라
는 이름이 붙었다. 독이 세지 않아서 시간이 지나면 저절로 낫지만 많이
먹으면 위험하다. 여름부터 가을까지 넓은잎나무가 자라는 숲 속 죽은
나무줄기, 그루터기, 썩은 가지에 뭉쳐나거나 무리 지어 난다. 살아 있는
졸참나무, 모밀잣밤나무, 물참나무 밑동에도 난다. 갓은 황금색이나 밝
은 밤빛을 띠고 겉은 매끈하다. 주름살은 노랗고 빽빽하다. 대는 길고
위쪽에 노란 턱받이가 있다.

식용, 독
크기 소형~중형
구분 분해균
특징 독버섯인 노란개암버섯과 닮았다.

개암버섯 밤버섯[북] *Hypholoma lateritium*

개암버섯은 맛이 좋지만 독버섯인 '노란개암버섯'과 닮아서 조심해야
한다. 노란개암버섯은 온몸이 풀빛 노란색을 띠고 개암버섯은 붉은 밤
빛이다. 또 노란개암버섯보다 주름살이 덜 빽빽하고 대가 더 굵다. 어릴
때는 아주 닮아서 헷갈린다. 개암버섯도 날로 먹거나 익혀도 많이 먹으
면 탈이 날 수 있다. 다른 나라에서는 독버섯으로 친다. 늦가을에 그루
터기나 쓰러진 나무줄기에 다발로 난다. 노란개암버섯은 바늘잎나무에
서 많이 나는데 개암버섯은 넓은잎나무에서만 난다.

독버섯
크기 소형~중형
구분 분해균
특징 맛있게 생겼지만 독이 세다.

노란개암버섯 쓴밤독버섯^북 *Hypholoma fasciculare*

노란개암버섯은 '개암버섯'과 꼭 닮았는데 쓴맛이 나고 독이 아주 세다. 봄부터 늦가을까지 바늘잎나무 그루터기나 쓰러진 나무, 썩은 나무 줄기에서 흔히 난다. 갓은 연한 노란색인데 점점 풀빛을 띤 누런색이 된다. 주름살은 갓 빛깔과 똑같은데 포자가 다 익으면 검붉은 빛을 띤다. 대는 구부러져 있고 겉이 매끈하고 반들반들하다. 맛있게 생겼지만 먹으면 배가 아프고 토하거나 물똥을 싼다. 심하면 정신을 잃기도 한다. 아이가 먹으면 죽을 수도 있다.

식용, 독
크기 소형~중형
구분 분해균
특징 물기를 머금으면 온몸이 끈적인다.

검은비늘버섯 기름버섯^북 *Pholiota adipose*

검은비늘버섯은 '침비늘버섯'과 닮았는데 물기를 머금으면 겉에 붙은 비늘 조각까지 끈적거린다. 봄부터 가을까지 넓은잎나무 그루터기나 썩은 가지에 뭉쳐나거나 무리 지어 난다. 갓은 연한 노란색이고 가운데는 누런 밤색이다. 갓에 붙은 비늘 조각은 납작하게 눌려 있거나 손거스러미처럼 위로 젖혀진다. 주름살은 하얗거나 연한 노란색인데 점점 붉은 밤색으로 바뀐다. 대는 구부러지고 거친 비늘 조각이 붙어 있다. 살이 부드럽고 맛이 좋지만 꼭 익혀 먹어야 한다.

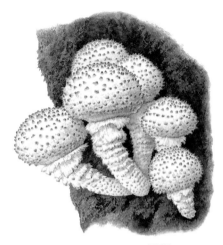

독버섯
크기 소형~중형
구분 분해균
특징 갓에 침 같은 비늘 조각이 퍼져 있다.

침비늘버섯 *Pholiota squarrosoides*

침같이 생긴 뾰족한 비늘 조각이 오통 갓을 덮고 있어서 '침비늘버섯'
이다. 여름부터 가을까지 숲 속에 죽은 넓은잎나무 나무줄기나 그루터
기에 무리 지어 난다. 갓은 어릴 때 동그랗다가 둥근 산처럼 바뀐다. 연
한 노란색이고 물기를 머금으면 조금 끈적인다. 주름살은 하얗거나 연
한 노란빛을 띤다. 대는 짧고 아래가 조금 가늘다. 턱받이 아래쪽에는
크고 거친 비늘 조각이 켜켜이 젖혀져 있다. 먹으면 배가 아프고 토하거
나 물똥을 싼다.

식용
크기 대형
구분 분해균
특징 턱받이가 별 모양으로 찢어진다.

턱받이포도버섯 별가락지버섯^북 *Stropharia rugosoannulata*

턱받이포도버섯은 턱받이가 두 겹이고 아래 턱받이는 별 모양으로 찢어
진다. 이른 봄부터 가을까지 목장, 풀밭, 밭, 길가 거름기 많은 땅 위에
홀로 나거나 무리 지어 난다. 갓은 붉은 밤색인데 봄에는 황금빛을 띠고
가을에는 진한 자주색이다. 주름살은 잿빛인데 점점 검붉은 밤색으로
바뀐다. 대 겉에는 세로줄이 있고 반들반들하다. 턱받이 위쪽은 하얗고
아래쪽은 노랗다. 아주 맛있어서 일부러 기르기도 한다.

식용
크기 소형~중형
구분 분해균
특징 온몸이 푸른빛이다.

하늘색깔때기버섯 *Clitocybe odora*

온몸이 푸른빛을 띤다고 '하늘색깔때기버섯'이다. 여름부터 가을까지 숲 속 땅 위나 낙엽 사이에 흩어져 나거나 무리 지어 난다. 갓 가운데는 조금 오목하다. 어릴 때는 푸르스름한 풀빛을 띠다가 자라면서 점점 푸르스름한 잿빛을 띤다. 주름살은 하얗다가 연한 잿빛을 띤 풀색으로 바뀐다. 대는 갓보다 색이 조금 연하고 세로로 실 같은 줄이 있다. 밑동에 솜털 같은 하얀 균사가 붙어 있다. 향이 진해서 끓는 물에 한 번 데쳐 먹는다. 하지만 깔때기버섯 무리는 독버섯이 많아 잘 살펴야 한다.

크기 소형
구분 분해균
특징 밑동에 균사 덩어리가 있다.

콩애기버섯 *Collybia cookei*

콩알 같은 작은 덩이에서 버섯이 나온다고 '콩애기버섯'이다. 여름부터 가을까지 숲 속 썩은 나무 위나 낙엽 위, 거름기 많은 땅에 무리 지어 난다. 갓은 투명한 흰색이고 가운데는 살구색을 띤다. 주름살도 하얗고 빽빽하다. 대는 실처럼 가늘고 물결치듯 구불구불하다. 연한 노란색이고 겉에 솜털 같은 작은 비늘 조각이 있다. 밑동은 뿌리처럼 길게 뻗는데 그 끝에 균사 덩어리가 있다. 균사 덩어리는 3mm도 안 되게 작고 울퉁불퉁하다. 독은 없지만 안 먹는다.

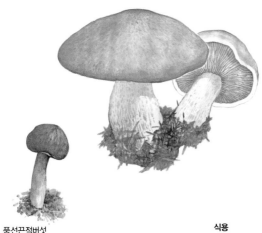

풍선끈적버섯
Cortinarius purpurascens
민자주방망이버섯과 닮았는데
자라면서 주름살이 밤색으로 바뀐다.

식용
크기 중형~대형
구분 분해균
특징 온몸이 보랏빛이다.

민자주방망이버섯 보라빛무리버섯[북] *Lepista nuda*

민자주방망이버섯은 가지처럼 보랏빛이어서 '가지버섯'이라고도 한다.
늦가을에 참나무가 자라는 숲 속 낙엽이 쌓인 곳에 무리 지어 난다. 갓
빛깔은 보랏빛이나 자줏빛인데 시나브로 누렇게 바랜다. 주름살도 보라
색이고 다 자라면 연한 노란색을 띤다. 대는 아래쪽이 굵고 밑동은 부
풀어서 알뿌리 같다. 밑동에 솜뭉치 같은 하얀 균사가 붙어 있다. 맛있
어서 많이 먹는데 날것을 먹으면 중독되니까 꼭 익혀 먹어야 한다.

식용
크기 중형~대형
구분 공생균
특징 솔향기가 난다.

송이 *Tricholoma matsutake*

송이는 소나무와 더불어 사는 버섯이다. 가을에 소나무 숲 속 땅에 흩어져 나거나 무리 지어 난다. 20년 넘은 소나무 둘레에서 아주 드물게 난다. 갓은 어릴 때 공처럼 둥글다가 시나브로 퍼지면서 판판해진다. 빛깔은 밤빛이고 겉에 실 같은 비늘 조각이 있다. 속살은 하얗고 두껍다. 주름살은 하얗다가 연한 밤색 얼룩이 생긴다. 대 속은 꽉 차 있고 단단하다. 솜털 같은 턱받이가 대 위쪽에 오랫동안 붙어 있다. 맛있고 소나무 향이 나서 사람들이 좋아한다.

크기 소형~중형
구분 공생균
특징 족제비 털 같은 비늘 조각이 덮여 있다.

족제비송이 낙엽송송이 *Tricholoma psammopus*

갓에 족제비 털 같은 가느다란 비늘 조각이 덮여 있어서 '족제비송이'
다. 가을에 낙엽송 숲에 많이 난다. 갓은 어릴 때 둥근 산처럼 생겼다가
자라면서 판판해진다. 가운데는 볼록하다. 주름살은 하얗고 자라면서
연한 노란색으로 바뀐다. 오래되면 밤색 얼룩이 생긴다. 대는 아래가 약
간 굵고 갓과 같은 색이다. 겉에 갓처럼 비늘 조각이 덮여 있다. 독은 없
지만 쓴맛이 나서 잘 안 먹는다.

독버섯
크기 중형
구분 공생균
특징 비누 냄새가 난다.

할미송이 *Tricholoma saponaceum*

할미송이는 흔하게 나는데 비누 냄새 같은 독특하고 센 냄새가 난다. 넓은잎나무와 소나무가 섞여 자라는 숲 속 땅에 흩어져 나거나 무리 지어난다. 갓은 나는 곳에 따라 풀빛이 도는 밤색이나 잿빛처럼 여러 색을띤다. 가운데는 잿빛 비늘 조각이 빽빽하게 덮여 있다. 주름살은 하얗거나 연한 노란색이다. 대 밑동은 조금 부풀었고 연한 풀빛이 도는 누런색이다. 갓처럼 잿빛 비늘 조각이 덮여 있다. 송이 무리에 들지만 독이 있어서 안 먹는다.

독
크기 중형~대형
구분 분해균
특징 온몸이 빨간 비늘 조각으로 덮여 있다.

솔버섯 붉은털무리버섯[북] *Tricholomopsis rutilans*

소나무에 나는 버섯이라고 '솔버섯'이다. 온몸에 털 같은 붉은 비늘 조각이 덮여 있다. 여름부터 가을까지 소나무나 삼나무 썩은 나뭇가지에 홀로 나거나 뭉쳐난다. 흔한 버섯이다. 갓은 어릴 때 종처럼 생겼다가 자라면서 판판해지고 가운데는 볼록하다. 주름살은 노랗다. 대 밑동은 조금 부풀었다. 우리나라에서 많이 먹는데 사람에 따라 중독 증상이 나타나기도 한다. 되도록 안 먹는 것이 좋다. 천에 노란 물을 들이기도 한다.

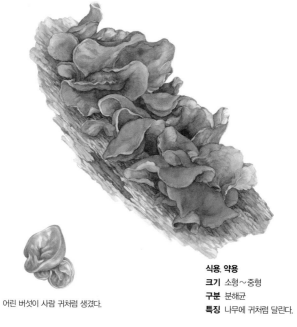

식용, 약용
크기 소형~중형
구분 분해균
특징 나무에 귀처럼 달린다.

어린 버섯이 사람 귀처럼 생겼다.

목이 검정버섯^북, 귀버섯^북 *Auricularia auricula-judae*

나무에 귀처럼 달린 버섯이라고 '목이'다. 봄부터 가을까지 넓은잎나무
가 자라는 숲 속 오래된 나무나 죽은 나뭇가지에 겹쳐서 난다. 어릴 때
는 접시나 종지, 귀 모양이고 자라면서 가장자리가 물결치듯 구불거린
다. 마르면 어두운 밤색이나 까맣게 바뀌고, 돌처럼 딱딱해지는데 물에
담가 두면 다시 말랑말랑해진다. 부드럽고 쫀득쫀득 씹히는 느낌이 좋
아서 여러 음식에 넣어 먹는다. 참나무나 톱밥을 써서 기르는데 야생 버
섯만큼 맛있다.

독버섯
크기 중형~대형
구분 공생균
특징 문지르면 파랗게 바뀐다.

산속그물버섯아재비 *Boletus pseudocalopus*

산속그물버섯아재비는 여름부터 가을까지 넓은잎나무와 소나무가 섞여 자라는 숲 속 땅에 홀로 나거나 무리 지어 난다. 드문 편이다. 다 자라면 달콤하고 좋은 냄새가 나지만 독버섯이다. 갓 빛깔은 붉은 밤색에서 누런 밤색으로 바뀐다. 살을 문지르면 파랗게 바뀐다. 갓 밑은 벌집처럼 생긴 구멍이 있고 연한 노란색이다가 밤색이 된다. 대는 굵고 밑동이 곤봉처럼 부풀었다. 겉에 불그스름한 가루가 붙어 있다. 대 위쪽에 갓 밑에서 이어진 그물 무늬가 있다.

식용, 독
크기 대형
구분 공생균
특징 갓이 쭈글쭈글하다.

접시껄껄이그물버섯 *Leccinum extremiorientale*

접시껄껄이그물버섯은 땅에서 나는 버섯 가운데 아주 큰 편이다. 여름부터 가을까지 숲 속 땅에 홀로 나거나 흩어져 난다. 밤나무, 참나무, 모밀잣밤나무 둘레에 많이 난다. 갓이 피면서 거북 등처럼 갈라진다. 가장자리가 갓 밑보다 길게 자라기도 한다. 살을 문지르면 연한 분홍빛을 띤다. 갓 밑은 노랗다가 풀빛을 띤 누런색으로 바뀐다. 대 겉에는 빨간색 돌기가 촘촘하다. 갓이 안 핀 어린 버섯을 먹는데 맛이 좋다. 하지만 날 것을 먹으면 중독될 수 있어서 꼭 익혀 먹어야 한다.

청변민그물버섯 *Phylloporus cyanescens*
노란길민그물버섯과 똑 닮았다. 살에
상처를 내면 파랗게 바뀐다.

독버섯
크기 소형
구분 공생균
특징 자실층이 주름살 모양이다.

노란길민그물버섯 노란주름버섯[북] *Phylloporus bellus*

노란길민그물버섯은 그물버섯 무리지만 갓 밑이 주름살 모양이다. 여름
부터 가을까지 숲 속 땅 위에 흩어져 나거나 무리 지어 난다. 졸참나무
둘레에 흔하다. 갓은 상처가 나면 거무스름하게 바뀐다. 겉에 짧고 가
는 비늘 조각이 덮여 있다. 갓 밑은 주름지고 밝은 노란색이다. 자라면
서 누런 밤색으로 바뀌고 밤색 얼룩이 생긴다. 대는 짧고 아래로 갈수록
가늘다. 독성분은 밝혀지지 않았지만 먹으면 배가 아파서 독버섯으로
친다.

독버섯. 약용
크기 중형
구분 공생균
특징 온몸에 노란 가루가 덮여 있다.

갓그물버섯 노란가루그물버섯^북 *Pulveroboletus ravenelii*

갓그물버섯은 여름부터 가을까지 숲 속 땅에 홀로 나거나 모여 난다. 소나무나 졸참나무 둘레에 흔히 난다. 솜 부스러기 같은 노란 가루가 갓과 대를 덮고 있어서 만지면 노란 가루가 손에 묻는다. 턱받이도 노랗고 버섯에 상처를 내면 천천히 파랗게 바뀐다. 하지만 대는 문질러도 색이 안 바뀐다. 약한 독이 있지만 상처에 포자 가루를 바르면 피가 멎는다고 해서 약으로 썼다. 요즘에는 손발이 굳거나, 관절 염증, 신경통에 좋고 암을 막는 성분이 있다고 밝혀졌다.

식용
크기 중형
구분 공생균
특징 문지르면 빨갛다가 까맣게 바뀐다.

귀신그물버섯 솔방울그물버섯^북 *Strobilomyces strobilaceus*

시커멓고 커다란 비늘 조각이 덕지덕지 붙은 모습이 귀신같다고 '귀신
그물버섯'이다. 여름부터 가을까지 여러 나무가 섞여 자라는 숲 속 땅에
홀로 나거나 흩어져 난다. 너도밤나무 둘레에 흔하다. 갓은 둥근 산처럼
생겼다가 자라면서 판판해진다. 살은 하얀데 문지르면 빨갛다가 까맣게
된다. 갓 밑은 벌집처럼 생겼다. 하얗다가 자라면서 검은 밤색으로 바뀌
고 문지르면 색이 바뀐다. 대 아래쪽에 솜털 같은 비늘 조각이 붙어 있
다. 어린 버섯을 먹는다. 이름이나 생김새와 달리 맛이 좋다.

털귀신그물버섯 포자

귀신그물버섯 포자

식용
크기 중형
구분 공생균
특징 문지르면 빨갛다가 까맣게 바뀐다.

털귀신그물버섯 *Strobilomyces confusus*

털귀신그물버섯은 귀신그물버섯과 닮았는데 비늘 조각이 위로 반듯하게 서 있어서 다르다. 여름부터 가을까지 넓은잎나무와 바늘잎나무가 섞여 자라는 숲 속 땅에 홀로 나가나 흩어져서 난다. 갓 겉에 잿빛 밤색을 띤 작은 비늘 조각이 빽빽하다. 비늘 조각은 약간 딱딱한데 뿔처럼 곧추선다. 갓은 자라면서 까맣게 바뀐다. 살을 문지르면 빨개지다가 까맣게 된다. 대에는 세로로 길쭉한 그물 무늬가 있다. 생김새와 달리 맛이 좋다. 어린 버섯을 먹는다.

독버섯
크기 중형~대형
구분 공생균
특징 갓 밑을 문지르면 색이 바뀐다.

황금씨그물버섯 *Xanthoconium affine*

황금씨그물버섯은 여름부터 가을 들머리까지 숲 속 땅에 홀로 나거나 무리 지어 난다. 소나무, 너도밤나무, 졸참나무, 물참나무 둘레에 흔히 난다. 갓은 진한 밤색이다가 자라면서 색이 연해진다. 겉은 매끄럽고 물기를 머금으면 끈적거린다. 갓 밑은 하얗다가 연한 밤색이 된다. 갓과 달리 문지르면 밤색으로 바뀐다. 대 겉은 세로로 갈라지거나 터져서 하얀 줄무늬가 생긴다. 먹는 버섯으로 알려졌지만 다른 나라에서 소가 먹고 죽은 일이 있어서 독버섯으로 여긴다.

약용
크기 소형
구분 분해균
특징 습도에 따라 껍질을 여닫는다.

먼지버섯 별버섯^북 *Astraeus hygrometricus*

먼지 같은 포자를 폴폴 날린다고 '먼지버섯'이다. 여름부터 가을까지 산이나 언덕 비탈진 곳, 숲 속 길가에 흩어져 나거나 무리 지어 난다. 어린 버섯은 동글납작하고 자라면서 껍질이 6~10조각으로 갈라진다. 껍질을 닫고 있다가 비가 오면 껍질을 열어서 떨어지는 물방울이 튈 때 포자를 함께 퍼뜨린다. 꼭대기에 있는 구멍으로 포자가 나온다. 독은 없고, 피를 멎게 하는 약으로 쓴다.

식용
크기 중형
구분 공생균
특징 갓 가운데가 볼록 솟았다.

못버섯 *Chroogomphus rutilus*

생김새가 못을 닮았다고 '못버섯'이다. 여름부터 가을까지 바늘잎나무 숲 속 땅에 홀로 나거나 무리 지어 난다. 소나무나 곰솔 둘레에 많다. 갓은 밤빛이다가 붉은빛을 띤다. 가운데가 뾰족 솟아 있다. 겉에 가는 실처럼 생긴 비늘 조각이 싸여 있는데 곧 매끈해진다. 물기를 머금으면 끈적거린다. 속살은 노랗다가 점점 밤빛이 된다. 두껍고 단단하다. 주름살은 밤빛이다. 대 겉에 밤색 실처럼 생긴 비늘 조각이 붙어 있다. 맛있어서 조림이나 국 끓일 때 넣어 먹는다.

식용
크기 소형
구분 공생균
특징 황소비단그물버섯과 함께 난다.

큰마개버섯 나사못버섯^북 *Gomphidius roseus*

큰마개버섯은 못버섯과 닮았는데 갓 가운데가 판판하다. 늦여름부터 가을까지 소나무나 곰솔이 자라는 땅 위에 홀로 나거나 흩어져 난다. 황소비단그물버섯이 나는 곳에 함께 나서 더불어 산다. 갓은 연한 분홍색이나 붉은색인데 오래되면 까만 얼룩이 생긴다. 겉은 매끈한데 물기가 있으면 끈적거린다. 주름살은 하얗거나 잿빛인데 점점 밤빛을 띤다. 대위쪽은 하얗고 아래쪽은 붉다. 밑동은 노르스름하다. 말리거나 소금에 절여 먹는다. 살은 쫄깃쫄깃한데 별 맛은 없다.

식용
크기 중형
구분 공생균
특징 갓이 젤라틴으로 싸여 있다.

비단그물버섯 진득그물버섯^북 *Suillus luteus*

비단그물버섯은 여름부터 가을까지 소나무 숲 속 땅에 흩어져 나거나 무리 지어 난다. 소나무와 더불어 사는 버섯으로 아주 흔하다. 갓이 젤라틴으로 싸여 있어서 물기를 머금으면 끈적끈적하다. 갓 밑은 벌집처럼 구멍이 숭숭 뚫렸고, 노랗다가 누런 밤색으로 바뀐다. 대 위쪽에 얇지만 뚜렷한 자주색 턱받이가 있다. 대 겉에 작은 밤색 알갱이가 퍼져 있다. 맛이 좋아서 많이 먹는다. 갓 껍질에 약한 독이 있어서 껍질을 벗기고 볕에 말리거나 끓는 물에 데쳐 먹는다.

식용
크기 중형
구분 공생균
특징 큰마개버섯과 함께 난다.

황소비단그물버섯 그물버섯^북 *Suillus bovinus*

황소비단그물버섯은 여름부터 가을까지 바늘잎나무 숲 속 땅에 흩어져
나거나 무리 지어 난다. 소나무나 곰솔 둘레에 많이 난다. 큰마개버섯이
자라는 곳에서 함께 볼 수 있다. 갓은 물기를 머금으면 끈적거리고 마르
면 반들반들하다. 속살은 두껍고 노란색이나 살구색이다. 갓 밑은 벌집
처럼 구멍이 났고, 풀빛 밤색이다가 자라면서 누런 밤색이 된다. 대는 구
부러졌고 겉이 매끈하다. 먹는 버섯인데 맛이 산뜻하다. 갓은 잘 상해서
떼어 내고 먹는다.

식용
크기 소형~중형
구분 공생균
특징 갓 밑이 밭이랑처럼 생겼다.

꾀꼬리버섯 살구버섯^북, 오이꽃버섯 *Cantharellus cibarius*

꾀꼬리버섯은 잘 익은 살구 냄새가 난다. 여름부터 가을까지 바늘잎나무 숲이나 넓은잎나무가 섞여 자라는 숲 속 땅에 흩어져 나거나 무리 지어 난다. 갓은 자라면서 펴지는데 나중에는 가운데가 오목하게 들어가서 깔때기처럼 바뀐다. 가장자리는 물결치듯 구불거린다. 갓 밑은 밭이랑처럼 생겼고 쭈글쭈글하다. 대는 짧고 굵다. 씹는 맛이 쫄깃하고 익히면 노란색이 더 뚜렷해져서 많이 먹는다. 아미노산이 많이 들어 있고 암을 막는 힘도 있다.

크기 소형
구분 분해균
특징 도토리를 닮았다.

테두리방귀버섯 흰땅별버섯[북] *Geastrum fimbriatum*

방귀를 뀌듯 포자를 내뿜는다고 '테두리방귀버섯'이다. 여름부터 가을까지 숲 속 낙엽이 쌓인 곳에 홀로 나거나 흩어져 난다. 꼭 도토리가 떨어진 것 같다. 어릴 때는 공처럼 둥글고 땅속에 묻혀 있다가 겉껍질이 찢어지면서 땅 위로 드러난다. 찢어진 조각은 별 모양으로 벌어지면서 끝이 아래로 말린다. 껍질은 불그스름한데 안쪽은 하얗다. 속에 하얀 속껍질에 싸인 동그란 주머니가 있다. 이 속에 있는 연분홍색 살이 포자가 된다. 포자가 익으면 꼭대기 구멍으로 내뿜는다.

식용, 독
크기 중형
구분 공생균
특징 갓에서 밑동까지 속이 뚫렸다.

나팔버섯 *Gomphus floccosus*

나팔처럼 생겼다고 '나팔버섯'이다. 여름부터 가을까지 바늘잎나무 숲 속 땅에 홀로 나거나 무리 지어 난다. 버섯고리를 이루기도 한다. 전나무, 솔송나무, 분비나무 둘레에 흔히 난다. 어릴 때는 뿔피리처럼 생겼다. 갓이 퍼지면서 나팔 모양이 된다. 가장자리는 물결치듯 구불거린다. 갓 가운데는 밑동까지 뚫려 있다. 겉에 크고 작은 주황색 비늘 조각이 퍼져 있다. 먹을 수 있지만 익혀 먹어도 한 번에 많이 먹으면 중독될 수 있어서 조심해야 한다.

식용, 약한 독
크기 대형
구분 공생균
특징 가지 끝이 붉다.

싸리버섯 *Ramaria botrytis*

싸리 빗자루처럼 생겼다고 '싸리버섯'이다. 여름부터 가을까지 숲 속 땅에 홀로 나거나 무리 지어 난다. 졸참나무, 밤나무 둘레에 흔히 난다. 크기가 커서 눈에 잘 띈다. 갓이 없고 산호처럼 생겼다. 가지 끝은 연분홍 빛을 띤다. 늙으면 가지 전체가 누런 흙색이 된다. 대는 뭉툭하고 단단하며, 겉이 매끈하고 살은 하얗다. 닭고기 맛이 나고 냄새도 좋아서 많이 먹는다. 약한 독이 있어서 소금물에 절이거나 데쳐서 쓴다.

약용
크기 대형
구분 기생균
특징 커다란 석탄 덩어리 같다.

자작나무시루뻔버섯 차가버섯 *Inonotus obliquus*

자작나무시루뻔버섯은 살아 있는 나무에서 자라는 여러해살이 버섯이다. 흔히 '차가버섯'이라고 한다. 추운 곳에서 잘 자란다. 우리나라 북쪽 지방에서 볼 수 있다. 자작나무 줄기에 많이 난다. 암에 효과가 있다고 밝혀져서 약으로 많이 쓴다. 균사 덩어리를 약으로 쓰는데, 나무줄기 속에서 여러 해를 자란 뒤 나무껍질을 뚫고 혹처럼 솟는다. 까맣고 단단해서 꼭 커다란 석탄 덩어리 같다.

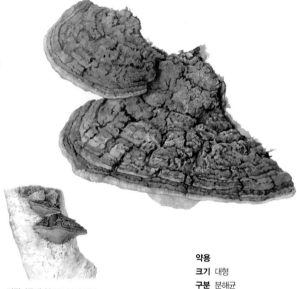

자작나무에 옆으로 붙어 난다.

약용
크기 대형
구분 분해균
특징 갓이 거칠고 딱딱하다.

목질진흙버섯 뽕나무혹버섯^북, 상황버섯 *Phellinus linteus*

목질진흙버섯은 뽕나무 줄기에서 나는 여러해살이 버섯이다. 흔히 '상황버섯'이라고 한다. 여름부터 가을까지 난다. 겨울에는 안 자라고 이듬해 봄에 샛노란 새살이 돋는다. 그래서 해마다 나이테가 생긴다. 대가 없이 나무에 바로 붙어 난다. 어릴 때는 노란 진흙 덩어리 같다가 자라면서 말굽 모양이 된다. 갓은 시나브로 색이 짙어져서 어두운 밤색이 된다. 옛날부터 독을 없애고 당뇨병과 암을 고치는 약으로 쓴다. 햇볕에 말려서 달여 먹는다.

약용
크기 대형
구분 분해균
특징 나이테 같은 홈이 있다.

진흙버섯 나무혹버섯^북 *Phellinus igniarius*

진흙버섯은 나무줄기에서 혹 같은 어린 버섯이 솟아 나와 점점 부풀며
말굽이나 둥근 산 모양이 된다. 여러해살이 버섯이다. 박달나무에 많이
나서 '박달상황버섯'이라고도 한다. 대가 없이 나무에 바로 붙어 난다.
갓은 해마다 새살이 돋아서 자라고 다시 굳어지면서 나이테 같은 무늬
를 만든다. 겉껍질은 가로세로로 얇게 갈라진다. 가장자리는 하얗거나
잿빛이다. 약용 버섯으로 알려졌지만 아직 약효가 뚜렷하게 밝혀지지
않았다.

약용
크기 대형
구분 분해균
특징 갓 밑이 둥글거나 미로 같다.

층층버섯 <small>소나무혹버섯^북</small> *Porodaedalea pini*

층층버섯은 가문비나무에 많이 나서 '가문비상황'이라고도 한다. 가문
비나무, 낙엽송, 소나무에 흔히 난다. 살아 있는 나무를 썩게 만들어 피
해를 준다. 대가 없이 나무에 바로 붙어 난다. 갓은 넓적한 반원 꼴이다.
어릴 때는 누런 밤색이다가 자라면서 어두운 밤색이나 까만색으로 바뀐
다. 겉에 거칠고 뚜렷하게 홈이 파이고 오래되면 거북 등처럼 갈라진다.
다른 상황버섯처럼 약으로 쓰지만 효과가 뚜렷하게 밝혀지지는 않았다.

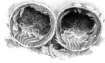

어린 버섯은 공처럼 생겼다.
지름 1~1.5cm

알 단면

크기 중형~대형
구분 분해균
특징 가지를 펼치면 꼭 오징어 같다.

흰오징어버섯 낙지버섯^북 *Lysurus arachnoideus*

흰오징어버섯은 긴 가지를 사방으로 펼친 모습이 오징어를 닮았다. 여름부터 가을까지 왕겨, 톱밥, 짚 더미에 홀로 나거나 무리 지어 난다. 열대 지역에 많이 나는데 우리나라에서는 가끔 볼 수 있다. 어린 버섯은 알처럼 생겼는데 꼭대기가 갈라지면서 가지가 8~10개쯤 나온다. 처음에는 뭉쳐 나오고 자라면서 펼쳐진다. 가운데에 아주 고약한 냄새가 나는 점액이 고여 있다. 점액 속에 포자가 들어 있어서 고약한 냄새로 벌레를 꾀어 퍼진다. 대에는 구멍이 숭숭 나 있다.

식용
크기 대형
구분 분해균
특징 그물 치마가 노랗다.

노랑망태버섯 노란그물갓버섯^북 *Dictyophora indusiata*

노랑망태버섯은 '망태말뚝버섯'과 꼭 닮았는데 그물 치마가 노란색이
다. 여름과 가을에 두 번 난다. 숲 속 땅에 홀로 나거나 무리 지어 난다.
우리나라에는 흔한데 다른 나라에서는 아주 드물다. 어린 버섯은 알처
럼 동그랗고 하얗다. 문지르면 연한 자줏빛을 띤다. 갓은 풀빛이 도는
어두운 밤색 점액으로 덮여 있다. 점액 속에 포자가 들어 있다. 대는 하
얗고 구멍이 숭숭 나 있다. 다른 나라에서는 거의 안 먹는데 중국에서
만 노란 그물 치마를 떼어 내 먹는다.

단면

말뚝사슴뿔버섯 *Podostroma solmsii*
알처럼 생긴 어린 말뚝버섯에 붙어 난다.

식용, 약용
크기 중형
구분 분해균
특징 어릴 때 망태말뚝버섯과 닮았다.

말뚝버섯 자라버섯^북 *Phallus impudicus*

말뚝버섯은 어릴 때 망태말뚝버섯과 닮았는데 그물 치마가 없다. 여름부터 가을까지 숲 속 땅에 홀로 나거나 무리 지어 난다. 아주 흔하다. 어린 버섯은 알처럼 생겼는데 껍질을 뚫고 대가 올라온다. 갓은 종 모양이고 겉에 그물 같은 무늬가 있다. 가운데 옴폭한 곳에 고약한 냄새가 나는 점액이 고여 있다. 이 냄새로 벌레를 꾀어 포자를 퍼뜨린다. 대는 하얗고 살은 스펀지처럼 구멍이 나 있다. 어린 버섯을 먹는다. 눈병과 류머티즘에 약으로도 쓴다.

식용, 약용
크기 대형
구분 분해균
특징 대숲에 난다.

망태말뚝버섯 그물갓버섯^북 *Phallus indusiatus*

망태말뚝버섯은 그물 같은 하얀 치마를 두르고 있다. 여름 들머리부터 가을까지 대숲에 흩어져 나거나 무리 지어 난다. 조금 드물다. 어린 버섯은 알처럼 생겼다. 이른 아침에 껍질을 찢고 갓과 대가 나와 두세 시간이면 다 자란다. 그물 치마도 빨리 펴져서 금방 땅에 닿는다. 갓 겉은 울룩불룩하고 풀빛 밤색 점액이 있다. 점액 속에 포자가 들어 있고 고약한 냄새가 난다. 이 냄새로 벌레를 꾀어 포자를 퍼뜨린다. 점액을 씻어 낸 뒤 대주머니를 떼어 내고 익혀 먹는다. 아삭하고 맛있다.

크기 소형~중형
구분 분해균
특징 가지 안쪽에 냄새 나는 점액이
붙어 있다.

세발버섯 삼발버섯[북] *Pseudocolus schellenbergiae*

오징어 다리 같은 가지를 세 개 뻗고 있어서 '세발버섯'이다. 늦은 봄부터 가을까지 숲 속 땅에 홀로 나거나 흩어져 난다. 어디서나 흔한데 대숲에서 잘 자란다. 어린 버섯은 알처럼 생겼다. 껍질을 찢고 굵은 대가 뻗어 나오고 그 끝에서 가지 세 개가 갈라진다. 네 개에서 여섯 개가 나오기도 한다. 가지는 활처럼 휘어서 끝이 서로 붙는다. 가지 안쪽에 지독한 냄새를 풍기는 거무스름한 점액이 붙어 있다. 점액 속에 포자가 있어서 냄새로 벌레를 꾄다. 대는 가지보다 짧고 노르스름하다.

약용
크기 대형
구분 분해균
특징 소나무과 나무에 많이 난다.

소나무잔나비버섯 전나무떡따리버섯^북 *Fomitopsis pinicola*

소나무잔나비버섯은 소나무, 전나무, 가문비나무 같은 바늘잎나무에서
난다. 여러해살이 버섯으로 죽은 나뭇가지나 그루터기에 홀로 난다. 대
가 없고 나무에 바로 붙어 난다. 갓은 어릴 때 둥글고 탁구공만 하다. 자
라면서 말굽이나 반원 꼴이 된다. 해마다 가장자리가 덧 자라 나이테
같은 홈이 생긴다. 겉은 딱딱하고 반들거린다. 살은 하얗거나 노랗고 나
무처럼 단단하다. 피를 멎게 하는 힘이 있어서 약으로 쓴다. 요즘에는
나쁜 균을 죽이는 성분이 있다고 밝혀졌다.

어린 버섯은 갓이 노랗고
공처럼 생겼다.

약용
크기 중형~대형
구분 분해균
특징 온몸이 옻칠한 것처럼 반들거린다.

불로초 만년버섯북, 영지 *Ganoderma lucidum*

불로초는 흔히 '영지'라고 한다. 여름부터 가을까지 나무 밑동이나 베어낸 나무에 홀로 나거나 무리 지어 난다. 밤나무, 신갈나무, 배나무 같은 넓은잎나무에 흔히 난다. 갓은 옻칠한 것처럼 반들거린다. 갓 위쪽에 나이테가 있고, 살은 두 층으로 나뉜다. 위쪽은 하얗고 부드러운데 아래쪽은 연한 밤색이고 단단하다. 대는 한쪽으로 치우쳐 붙는다. 대가 없는 것도 있다. 피를 맑게 하고 암을 막는 성분이 있다고 알려졌다. 약으로 쓰려고 일부러 많이 기른다.

약용
크기 대형
구분 분해균
특징 아주 넓적하다.

잔나비불로초 넙적떡따리버섯 ^북 *Ganoderma applanatum*

잔나비불로초는 원숭이가 앉아도 될 만큼 크고 단단하다고 '잔나비걸상'이라고도 한다. 여러해살이 버섯인데 죽은 넓은잎나무 둥치에 홀로 나거나 겹쳐 난다. 대가 없이 나무에 바로 붙어 난다. 가로수나 길가 말뚝에서도 잘 자란다. 버섯은 반원 꼴이고 판판한데 오래되면 말굽 모양이 된다. 갓 위쪽에는 나이테가 있고 잔주름이 촘촘히 퍼져 있다. 어릴 때는 밤색이다가 자라면서 잿빛 밤색으로 바뀐다. 새로 자라는 쪽은 하얗다. 암을 고치는 성분이 있다고 알려져서 약으로 쓴다.

식용
크기 대형
구분 분해균
특징 수많은 갓이 겹쳐 다발을 이룬다.

잎새버섯 춤버섯^북 *Grifola frondosa*

갓이 나뭇잎처럼 생겼다고 '잎새버섯'이다. 가을에 넓은잎나무 밑동에
뭉쳐난다. 물참나무, 졸참나무, 밤나무, 물푸레나무에 나는데, 우리나
라에는 드물다. 대에서 가지가 여러 개 나오고 그 끝에 꽃잎 같은 작은
갓이 달려 다발을 이룬다. 꽃양배추나 활짝 핀 솔방울 같다. 갓 가장자
리는 물결치듯 구불거린다. 맛과 향이 좋아서 미국에서는 4대 버섯 가
운데 하나로 여긴다. 약한 독이 있어서 말리거나 익혀 먹는다.

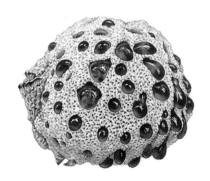

자라서 갓이 펴진 모습

크기 중형
구분 분해균
특징 축축하면 빨간 물방울이 나온다.

유관버섯 *Abortiporus biennis*

유관버섯은 날이 축축할 때 포자 구멍에서 빨간 물방울이 배어 나온다. 여름부터 가을까지 넓은잎나무 숲 속 그루터기나 그 둘레 땅 위, 땅에 파묻힌 썩은 나무에 홀로 나거나 무리 지어 난다. 어린 버섯은 겉에 하얀 구멍이 나 있고 찌그러진 덩이 모양이다. 갓은 자라면서 펴져 부채꼴이 된다. 우산살처럼 뻗은 주름이 있고 가장자리가 물결치듯 구불거린다. 하얗거나 연한 빨간색이고 털이 빽빽해서 만지면 부드럽다. 독은 없지만 안 먹는다.

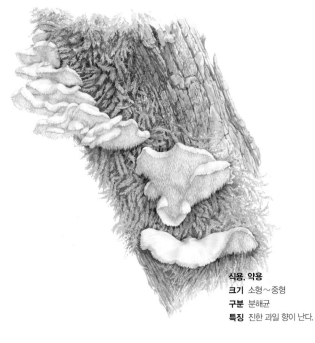

식용, 약용
크기 소형~중형
구분 분해균
특징 진한 과일 향이 난다.

침버섯 긴수염버섯 *Mycoleptodonoides aitchisonii*

침버섯은 여름부터 가을까지 죽은 참나무나 너도밤나무 나무줄기나 그루터기에 겹치듯 무리 지어 난다. 우리나라에는 드물다. 대가 없이 나무에 바로 붙어 나는데 꼭 부채나 조개를 닮았다. 가장자리는 구불거리고 톱니가 있다. 갓 밑에는 침처럼 생긴 돌기가 잔뜩 나서 아래로 늘어진다. 살은 단단하고 진한 과일 향기가 나고 달다. 살짝 데치거나 소금에 절여 먹는다. 혈압을 낮추고 혈당을 조절한다. 톱밥을 써서 키우는 방법이 성공해서 약으로 개발하고 있다.

약용
크기 소형
구분 분해균
특징 갓 밑이 미로 같다.

갓 위쪽에 무지개 같은 무늬가 생긴다.

때죽조개껍질버섯 *Lenzites styracina*

때죽조개껍질버섯은 여름부터 가을까지 죽은 때죽나무나 쪽동백나무 가지에 겹쳐 나거나 무리 지어 난다. 살아 있는 나무에 나면 나무가 죽는다. 우리나라와 일본에만 난다. 제주도에서는 한 해 내내 난다. 대가 없고 나무에 바로 붙는다. 반원이나 조개껍질 모양이다. 누런 밤색, 붉은 밤색, 밤색, 까만 밤색으로 이루어진 고리가 무지개처럼 켜켜이 무늬를 이룬다. 고리 무늬를 따라 얕은 홈이 나 있고 우산살 같은 잔주름이 있다. 한방에서는 관절약으로 쓰지만 아주 적은 양만 쓴다.

식용
크기 중형
구분 분해균
특징 송이랑 닮았지만 나무에서 난다.

새잣버섯 이깔나무버섯^북 *Neolentinus lepideus*

새잣버섯은 여름 들머리부터 가을까지 소나무나 잎갈나무에 홀로 나거
나 뭉쳐난다. '잣버섯'이라고도 한다. 송이와 닮았는데 송이는 땅 위에
나고 새잣버섯은 나무에서 난다. 갓 겉에 누런 밤색 비늘 조각이 붙어
있다. 살에서는 소나무 냄새가 난다. 주름살 날이 톱니 같다. 대 위쪽 세
로줄이 주름살과 이어진다. 대 겉에는 거스러미 같은 비늘 조각이 붙어
있다. 먹을 수 있는데 사람에 따라 토하거나 물똥을 싸기도 한다. 어린
버섯을 충분히 익혀 먹는 것이 좋다.

나무줄기에 구름처럼 무리 지어 난다.

약용
크기 소형
구분 분해균
특징 갓에 여러 고리 무늬가 있다.

구름송편버섯 운지버섯 *Trametes versicolor*

수십 수백 개 버섯이 물결치듯 모여서 겹쳐 난 모습이 구름 같다고 '구름송편버섯'이다. 봄부터 늦가을까지 나무 그루터기, 쓰러진 나무줄기, 썩은 가지에 무리 지어 난다. 대는 없고 나무에 바로 붙어 난다. 한 해 내내 어디서나 볼 수 있다. 갓은 반원이나 부채꼴이다. 까만색, 잿빛, 누런 밤색, 푸른색 같은 여러 가지 색이 어울려 고리 무늬가 나타난다. 겉에 짧고 가는 털이 덮여 있어서 만지면 부드럽다. 살은 하얗고 가죽처럼 질기다. 한방에서 '운지'라고 한다. 암을 고치는 약으로 쓴다.

약용
크기 대형
구분 분해균
특징 소나무 뿌리에 붙어 있다.

복령 솔뿌리혹버섯[북] *Wolfiporia extensa*

복령은 여름부터 가을까지 베어 낸 지 서너 해 지난 소나무 뿌리에 혹처럼 난다. 여러해살이 버섯이다. 꼭 고구마나 감자처럼 생겼다. 주먹만 한 것부터 어른 머리만큼 큰 것도 있다. 겉은 소나무 껍질처럼 거칠고 쭈글쭈글한데 때로는 갈라져서 하얀 속살이 드러난다. 뿌리를 둘러싸고 길게 자란 것은 '복신'이라고 한다. 4~5년 된 것을 약으로 쓴다. 오줌이 잘 나오게 하고 몸을 튼튼하게 한다. 요즘에는 암을 막는 성분이 있다고 밝혀졌다.

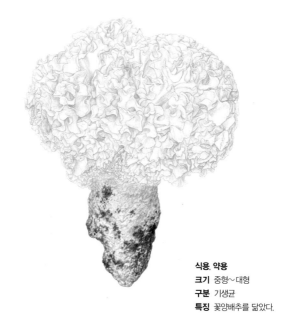

식용, 약용
크기 중형~대형
구분 기생균
특징 꽃양배추를 닮았다.

꽃송이버섯 꽃잎버섯[북] *Sparassis crispa*

꽃잎처럼 생긴 수많은 작은 갓들이 뭉쳐서 꽃송이처럼 보인다고 '꽃송
이버섯'이다. 늦여름부터 가을까지 바늘잎나무 밑동이나 그루터기, 그
둘레에 홀로 난다. 살아 있는 나무에 붙어 양분을 얻는 기생균이다. 대
하나에서 여러 가지를 나누고 그 끝마다 얇고 넓적한 갓이 달린다. 하얗
거나 연한 노란색을 띠다가 시나브로 어두운 밤색으로 바뀐다. 대는 짧
고 뭉툭한데 무척 질기다. 먹는 버섯으로 송이와 비슷한 냄새가 나고 씹
는 맛이 좋다. 톱밥이나 봉지를 써서 길러 먹는다.

솔방울버섯 *Baeospora myosura*
솔방울털버섯과 닮았는데 갓 밑이
주름살이다.

크기 소형
구분 분해균
특징 솔방울에서 난다.

솔방울털버섯 솔방울바늘버섯^북 *Auriscalpium vulgare*

솔방울에서 나고 갓과 대에 털이 있어서 '솔방울털버섯'이다. 가을부터
겨울까지 땅에 떨어진 솔방울 위에 한두 개 난다. 갓은 판판하고 콩팥처
럼 생겼다. 붉은 밤색이나 어두운 밤색인데 진하고 연한 색이 고리처럼
나타나기도 한다. 가장자리는 하얗고 겉에 가는 털이 빽빽하게 난다. 갓
밑에는 침처럼 생긴 짧은 돌기가 나 있다. 어릴 때는 하얗다가 자라면서
어두운 밤색으로 바뀐다. 대는 가늘게 길고 갓 가장자리에 붙는다. 겉
에 가는 털이 빽빽하다.

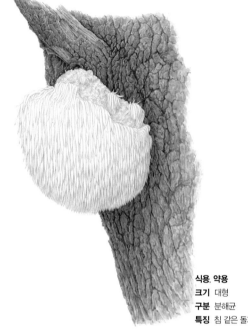

식용, 약용
크기 대형
구분 분해균
특징 침 같은 돌기가 빽빽하다.

노루궁뎅이 고슴도치버섯^북 *Hericium erinaceus*

생김새가 노루 궁둥이를 닮았다고 '노루궁뎅이'다. 가을에 죽은 넓은잎
나무 나무줄기에 홀로 나거나 무리 지어 난다. 떡갈나무, 졸참나무, 너도
밤나무, 단풍나무에 드물게 난다. 어릴 때는 찐빵 같고 자라면서 아래쪽
이 늘어나 짧은 대를 만들고 가지가 갈라진다. 가지는 굵고 빽빽하게 뭉
쳐 있다. 가지 끝에 수많은 돌기가 수염처럼 아래로 늘어진다. 어린 버섯
을 따 끓는 물에 살짝 데쳐서 쓴맛을 없애고 먹는다. 독특한 냄새가 나
고 쓴맛이 있다. 치매에 약으로도 쓴다.

젖버섯아재비 *Lactarius hatsudake*
배젖버섯과 닮았지만 갓에 고리 무늬가
있다. 빨간 젖이 나온다.

식용
크기 소형~중형
구분 공생균
특징 칼로 베면 하얀 젖이 나온다.

배젖버섯 *Lactarius volemus*

배젖버섯은 칼로 베면 하얀 젖이 많이 나온다. 여름 들머리부터 가을까
지 넓은잎나무 둘레 땅에 흩어져 나거나 무리 지어 난다. 너도밤나무,
물참나무, 졸참나무 둘레에 흔하다. 갓은 어릴 때 가운데가 오목한 둥
근 산처럼 생겼다. 자라면서 퍼지고 가장자리가 위로 젖혀져 얕은 깔때
기처럼 바뀐다. 살을 베면 하얀 젖이 나오는데 조금 지나면 밤색으로 바
뀐다. 주름살은 빽빽하다. 대는 속이 차 있다가 시나브로 궁근다. 살이
퍼석하지만 즙이 맛있어서 국 끓일 때 넣는다.

독
크기 중형~대형
구분 공생균
특징 칼로 베면 하얀 젖이 나온다.

젖버섯 흙쓰개젖버섯 *Lactarius piperatus*

젖버섯은 여름부터 가을까지 숲 속 땅 위에 홀로 나거나 무리 지어 난다. 주름살을 칼로 베면 하얀 젖이 많이 나오는데 혀가 얼얼하도록 맵다. 갓은 어릴 때 가운데가 오목한 둥근 산처럼 생겼다. 자라면서 가장자리가 펴져 구불거리고 위로 젖혀진 깔때기처럼 바뀐다. 대가 짧아서 땅속에서부터 갓이 펴져 흙을 뒤집어쓰고 나오기도 한다. 자라면서 작은 구멍이 생겨 젖이 겉으로 배어 나온다. 살에는 독이 없지만 젖에 약한 독이 있어서 안 먹는 것이 좋다.

식용
크기 소형~중형
구분 공생균
특징 살과 젖 색이 안 바뀐다.

흰주름젖버섯 성긴주름젖버섯^북 *Lactarius hygrophoroides*

흰주름젖버섯은 '넓은갓젖버섯'이라고도 한다. 배젖버섯과 닮았는데
색이 옅고 주름살 사이가 훨씬 넓고 성글다. 주름살을 칼로 베면 하얀
젖이 나오는데 시간이 지나도 색이 안 바뀐다. 여름부터 가을까지 숲 속
땅 위에 흩어져 나거나 무리 지어 난다. 갓은 어릴 때 둥근 산처럼 생겼
다가 자라면서 판판해진다. 가장자리는 구불거리거나 가운데가 오목해
지기도 한다. 겉에 고운 가루 같은 비늘 조각이 덮여 있고 잔주름이 있
다. 독이 없어 먹을 수 있다.

식용, 약용
크기 중형
구분 공생균
특징 갓이 거북 등처럼 터진다.

기와버섯 풀색무늬갓버섯^북 *Russula virescens*

갓 겉껍질이 터져 깨진 기와 조각 같다고 '기와버섯'이다. 여름부터 가을까지 숲 속 땅에 홀로 나거나 흩어져 난다. 너도밤나무, 졸참나무, 상수리나무, 자작나무 둘레에 많이 난다. 갓은 연한 풀빛이다. 물기를 머금으면 조금 끈적거린다. 겉껍질이 자라면서 가운데를 빼고 거북 등처럼 터진다. 속살은 하얗고 잘 부스러진다. 주름살은 하얗고 조금 빽빽하다. 대 겉은 매끈하고, 속은 꽉 차 있다가 구멍이 많이 생긴다. 무당버섯 가운데 가장 맛있다. 구워 먹고 암을 막는 약으로도 쓴다.

무당버섯 *Russula emetica*
독버섯이다. 대가 하얗고 매끈하다.

식용, 독
크기 소형
구분 공생균
특징 달콤한 향이 난다.

수원무당버섯 *Russula mariae*

수원무당버섯은 여름 들머리부터 가을 들머리까지 소나무와 너도밤나무가 섞여 자라는 숲 속 땅에 홀로 나거나 무리 지어 난다. 독버섯인 무당버섯과 닮았다. 수원무당버섯이 더 작고 밑동이 연한 붉은빛을 띤다. 또 갓과 대에 고운 가루가 덮여 있어서 다르다. 물기를 머금으면 끈적끈적하다. 속살은 하얗고 잘 부스러진다. 달콤한 냄새가 나고 맛이 부드러워 소금에 절였다가 겨울에 먹는다. 하지만 다른 나라에서는 독버섯으로 치기도 한다.

독
크기 중형~대형
구분 공생균
특징 자르면 빨갛다가 까매진다.

절구무당버섯 *Russula nigricans*

절구처럼 생겼다고 '절구무당버섯'이다. 여름부터 가을까지 숲 속 땅에
홀로 나거나 무리 지어 난다. 소나무, 가문비나무, 상수리나무 둘레에
많다. 갓은 어릴 때 둥근 산 같다가 자라면서 판판해진다. 가운데는 오
목하다. 속살은 하얀데 자르면 불그스름하다가 까맣게 바뀐다. 주름살
은 하얗고 포자가 다 떨어지면 까매진다. 독이 약해서 익혀 먹기도 하지
만 독이 아주 센 '절구버섯아재비'와 똑 닮아서 아예 안 먹는 것이 좋다.

식용
크기 중형∼대형
구분 공생균
특징 갓이 여러 색으로 바뀐다.

청머루무당버섯 색갈이갓버섯 북 *Russula cyanoxantha*

청머루무당버섯은 갓 빛깔이 자줏빛, 노란빛, 풀빛으로 여러 가지다. 여름부터 가을까지 숲 속 땅에 홀로 나거나 무리 지어 난다. 너도밤나무 둘레에 많다. 갓은 어릴 때 둥근 산처럼 생겼고 자라면서 판판해지는데 가끔 가운데가 오목한 것도 있다. 빛깔은 처음에 자주색이었다가 여러 색을 거쳐 풀빛이 된다. 물기를 머금으면 끈적거린다. 주름살은 폭이 넓다. 대 겉은 매끈하다. 맛있어서 많이 먹는 버섯이다. 하지만 갓 색이 여러 가지여서 독버섯과 헷갈리니까 조심해야 한다.

식용
크기 중형~대형
구분 공생균
특징 갓이 하얗다가 까맣게 바뀐다.

흰굴뚝버섯 검은가죽버섯[북] *Boletopsis leucomelaena*

흰굴뚝버섯은 어릴 때 하얗다가 나중에 까맣게 바뀌고 살이 가죽처럼
질기다. 가을에 바늘잎나무 숲 속 땅에 흩어져 나거나 무리 지어 난다.
오래된 소나무나 전나무 둘레에서 잘 자란다. 송이와 닮았는데, 송이가
끝날 무렵 송이 둘레에 흔히 난다. 대가 짧아 낙엽 속에 묻히듯 난다. 쓴
맛이 있지만 그 맛을 좋아하는 사람이 많다. 독버섯인 '검은망그물버
섯'과 닮아서 조심해야 한다. 흰굴뚝버섯은 늦가을에 나지만 검은망그
물버섯은 여름 장마철에 난다.

식용, 약한 독
크기 중형~대형
구분 공생균
특징 마르면 향이 더 짙어진다.

향버섯 능이, 능이버섯^북 *Sarcodon imbricatus*

향이 진해서 '향버섯'이다. 흔히 '능이'라고 한다. 가을에 숲 속 땅 위에 홀로 나거나 무리 지어 난다. 신갈나무나 물참나무 둘레에 많다. 갓은 어릴 때 가운데가 오목한 둥근 산처럼 생겼다. 다 자라면 가운데가 움푹 파인 깔때기처럼 바뀐다. 겉에 거친 비늘 조각이 퍼져 있다. 살은 연분홍색이고 단단한데 마르면 검은 밤색이 된다. 갓 밑에는 뾰족한 돌기가 빽빽하다. 향이 독특하고 쫄깃해서 맛있다. 단백질을 분해하는 효소가 있어서 고기와 먹으면 좋다. 약한 독이 있어서 꼭 익혀 먹어야 한다.

식용, 약용
크기 대형
구분 공생균
특징 잎새버섯과 닮았는데 까맣다.

까치버섯 검은춤버섯^북 *Polyozellus multiplex*

까치 깃털처럼 까맣다고 '까치버섯'이다. '먹버섯'이나 '곰버섯'이라고
도 한다. 가을에 숲 속 땅에 홀로 나거나 무리 지어 난다. 밑동에서 가지
가 여러 개 갈라지고 가지 끝마다 갓이 달려 다발을 이룬다. 갓은 꽃잎
이나 부채처럼 생겼고 서로 이어지거나 겹쳐 있다. 가장자리는 허옇고
물결치듯 구불거린다. 바닷말인 톳과 비슷한 냄새가 나는데 마르면 더
진하다. 물에 살짝 데쳐서 쓴맛과 까만 물을 빼고 먹는다. 말린 것은 한
약재로 쓴다. 면역력을 높이고 암을 막는다.

식용
크기 소형 ~ 중형
구분 분해균
특징 매끄럽고 말랑말랑하다.

흰목이 흰흐르레기버섯^북 *Tremella fuciformis*

나무에 귀처럼 달려 있는 하얀 버섯이라고 '흰목이'다. 여름부터 가을까지 숲 속 죽은 나무줄기에 홀로 나거나 무리 지어 난다. 물참나무에서 특히 잘 자란다. 버섯은 매끈한 젤라틴질이고 얇고 반투명하다. 위쪽은 꽃잎 같고 아래쪽은 굵고 단단하다. 살은 말랑말랑하고 부드러운데 마르면 오그라들어 딱딱해진다. 물에 불리면 다시 부드러워진다. 참나무에 일부러 키운다. 맛이 부드럽고 오독오독 씹혀서 중국에서는 많이 먹는데 우리나라에서는 잘 안 먹는다.

자낭균문

자낭균문은 '자낭'이라는 포자주머니에서
포자를 만든다. 자낭은 '포자를 담고 있는
주머니'라는 뜻이다.

균핵꼬리버섯 *Scleromitrula shiraiana*
오디균핵버섯과 함께 난다.
갓이 곤봉처럼 생겼다.

크기 소형
구분 기생균
특징 뽕나무 열매인 오디에서 난다.

오디균핵버섯 *Ciboria shriaiana*

오디균핵버섯은 서양 술잔을 닮아서 '오디양주잔버섯'이라고도 한다.
뽕나무 열매인 '오디'에 나는 버섯이다. 포자가 뽕나무 꽃이나 어린 열
매에 들어가 균사를 뻗어 가면 열매가 제대로 못 여물고 허옇게 바뀌면
서 부풀어 올랐다가 땅에 떨어진다. 땅에 떨어진 오디는 땅속에서 겨울
을 나면서 균사 덩어리인 균핵이 되고, 이듬해 봄에 버섯이 뻗어 나온
다. 갓은 어릴 때 둥글고 자라면서 위쪽 터진 부분이 넓게 벌어지면서
술잔처럼 된다. 대는 가늘고 길다.

독버섯
크기 중형
구분 분해균
특징 갓에 울룩불룩한 주름이 있다.

마귀곰보버섯 *Gyromitra esculenta*

마귀곰보버섯은 봄에 바늘잎나무 숲 속 땅 위에 홀로 나거나 무리 지어 난다. 아주 드문 버섯이다. 독이 아주 강하다. 열을 가하면 70~80도에 서 독이 없어지지만 사람에 따라 익혀도 중독되거나 죽는 일도 있어서 조심해야 한다. 갓은 울퉁불퉁하고 주름이 있어서 꼭 뇌처럼 생겼다. 누 런 흙색에서 거무스름한 밤색으로 시나브로 바뀐다. 속살은 하얗고 속 은 비었다. 대에는 세로로 울룩불룩한 주름이 있고, 겉에 솜털 같은 비 늘 조각이 붙어 있다.

식용, 독
크기 소형
구분 분해균
특징 갓이 말안장처럼 생겼다.

긴대안장버섯 가는대안장버섯^북 *Helvella elastica*

긴대안장버섯은 안장버섯 가운데 키가 큰 편이다. 대가 길고 갓이 말안
장처럼 생겼다. 여름부터 가을까지 숲 속 땅 위나 땅속에 묻혀 있는 썩
은 나무에서 홀로 나거나 흩어져 난다. 갓은 두세 쪽으로 찢어졌고 아래
쪽으로 말리면서 대를 감싼다. 자라면 조금 울룩불룩해진다. 주름살이
나 맥은 없다. 대는 밑동이 조금 납작하고 오목한 홈이 있다. 맛은 좋지
만 먹으면 배가 아플 수도 있다.

식용, 독
크기 중형
구분 공생균
특징 갓이 움푹움푹 패어 있다.

곰보버섯 숭숭갓버섯^북 *Morchella esculenta*

갓에 구멍이 여기 저기 패어 꼭 곰보 같다고 '곰보버섯'이다. 봄에 숲 속 땅이나 거름기 많은 밭에 홀로 나거나 무리 지어 난다. 우리나라에는 흔하지만 다른 나라에는 드물다. 갓은 그물눈 모양이다. 그물눈 가운데가 구멍처럼 깊게 팬다. 속살은 하얗거나 흙색이고 잘 부스러진다. 대 곁에 세로 주름이 있고 울룩불룩하다. 먹을 수 있는데 어린 버섯에는 독이 있다. 날로 먹거나 술과 같이 먹으면 중독될 수 있다.

식용, 독
크기 소형~중형
구분 분해균
특징 메마른 땅에서 잘 자란다.

들주발버섯 *Aleuria aurantia*

들주발버섯은 벗겨 놓은 귤껍질 같다. 여름부터 가을까지 숲 속 길가에 무리 지어 난다. 모래땅이나 자갈밭, 메마른 땅에서 잘 자란다. 어릴 때는 가장자리가 안으로 말리고, 자라면서 넓게 펴진다. 여러 개가 모여 나는데 서로 붙어서 쭈글쭈글해진다. 갓 안쪽은 매끈하고 바깥쪽은 짧고 가는 털로 덮여 있다. 살은 얇고 무르고, 대는 없다. 먹을 수 있지만 날로 먹으면 중독될 수 있다.

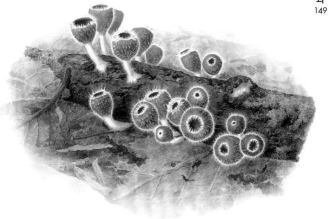

크기 소형
구분 분해균
특징 하얗고 긴 털이 덮여 있다.

털작은입술잔버섯 *Microstoma floccosum*

털작은입술잔버섯은 생김새가 꼭 술잔을 닮았는데 아주 작다. 온몸에는 하얀 털이 나 있다. 늦은 봄부터 여름까지 축축한 숲 속 죽은 나무줄기나 땅에 떨어진 나뭇가지, 낙엽 위에 무리 지어 난다. 어디서나 흔하다. 제주도 용암 지역에서는 한겨울에도 난다. 어릴 때는 작은 공 같다. 꼭대기에 있는 구멍이 벌어지면서 술잔처럼 바뀐다. 안쪽은 매끄럽고 겉과 가장자리에는 빳빳하고 긴 하얀 털이 빽빽하게 나 있다. 대에는 하얀 털이 밑동까지 덮여 있다.

약용
크기 소형
구분 곤충 기생균
특징 약으로 쓴다.

동충하초 번데기버섯북 *Cordyceps militaris*

동충하초는 여름부터 가을까지 물이 잘 빠지는 땅속, 썩은 나무 속, 낙엽 속에 파묻힌 나비나 나방 번데기 몸에서 난다. 균사를 번데기 몸속으로 뻗어 양분을 얻고, 몸속에 균사가 가득 차면 땅이나 나무를 뚫고 나온다. 번데기 머리나 배에서 한 개나 두세 개 난다. 땅 위로 2~5cm쯤 올라오는데 색깔이 눈에 잘 띈다. 머리는 야구방망이 같고 겉에 포자가 들어 있는 알갱이가 촘촘히 박혀 있다. 동충하초 무리 가운데 암을 고치는 성분이 가장 많다.

크기 중형~대형
구분 분해균
특징 독이 아주 세다.

붉은사슴뿔버섯 *Podostroma cornu-damae*

생김새가 사슴뿔을 닮고 붉은빛을 띠어서 '붉은사슴뿔버섯'이다. 여름부터 가을까지 숲 속 넓은잎나무 썩은 그루터기나 그 둘레 땅 위에 홀로 나거나 무리 지어 난다. 드물게 나는 버섯이다. 버섯 독 가운데 가장 센 독을 가졌다. 건강한 어른이 3g만 먹어도 하루 안에 죽는다. 절대 맨손으로 만지면 안 되고 만졌다면 바로 물로 씻어 내야 한다. 어린 버섯이 불로초와 닮아서 조심해야 한다. 어릴 때는 원기둥꼴이다가 자라면서 위쪽이 나뭇가지처럼 갈라져 사슴뿔처럼 바뀐다.

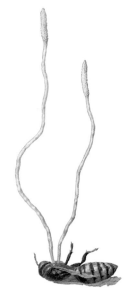

크기 소형
구분 곤충 기생균
특징 실처럼 가늘고 길다.

벌포식동충하초 벌버섯^북 *Ophiocordyceps sphecocephala*

벌포식동충하초는 낙엽이나 땅속에 묻혀 있는 죽은 벌 몸에서 자란다.
여름과 가을 들머리에 벌 머리나 가슴에서 홀로 나거나 두세 개 뭉쳐난
다. 포자가 벌 몸에 붙으면 효소를 내뿜어 딱딱한 껍질을 녹이고 몸속
으로 파고든다. 균사를 뻗어 나가다가 가득 차면 몸 밖으로 뻗는다. 머
리는 가느다란 막대 같고 꼭대기가 둥그스름하다. 대는 실처럼 가늘고
구불구불하다. 대 겉은 가죽처럼 질기다.

약용
크기 소형
구분 곤충 기생균
특징 면봉이나 창처럼 생겼다.

큰매미포식동충하초 *Cordyceps heteropoda*

큰매미동충하초는 봄부터 여름까지 숲 속이나 들판에 사는 매미 몸이나 땅속에 묻혀 있는 죽은 매미 몸에서 자란다. 포자가 매미 몸에 붙어 효소를 내뿜어 딱딱한 껍질을 녹이고 몸속으로 균사를 뻗는다. 균사는 매미 살을 먹고 자라다가 머리 쪽에서 홀로 나거나 두세 개 난다. 땅속에서 10~12cm쯤 자라고 땅 위에는 겨우 머리만 내민다. 면역력을 키우는 약으로 쓰거나 술에 넣어 먹는다.

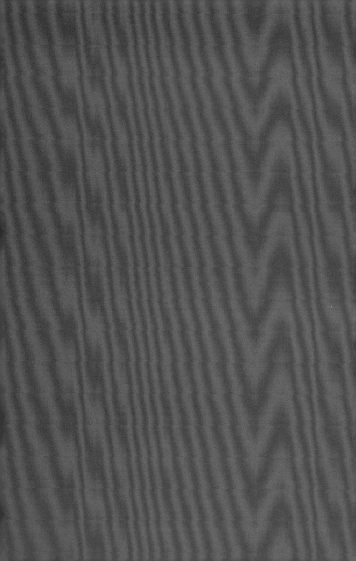

버섯 더 알아보기

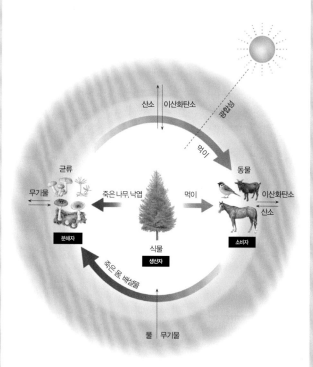

산소 | 이산화탄소

광합성

먹이

균류

무기물

죽은 나무, 낙엽

먹이

동물

이산화탄소

산소

분해자

식물

생산자

소비자

죽은 몸, 배설물

물 | 무기물

생태계 순환

버섯이란 무엇인가

생태계와 버섯

예전에는 생물을 식물과 동물로 나누고 버섯은 식물 가운데 꽃이 피지 않는 식물에 두었다. 그러나 지금은 생물을 식물, 동물, 균으로 나누고 버섯은 균 무리에 둔다. 균 가운데 가장 진화한 것이 버섯이다. 버섯은 눈으로 볼 만한 크기로 몸을 만들고 그 속에서 포자를 만들어 퍼뜨린다.

생태계는 식물과 동물, 균이 서로 어우러지면서 돌고 돈다. 식물은 광합성을 해서 스스로 양분을 만들어 낸다. 그래서 '생산자'라고 한다. 동물은 식물이나 다른 동물을 먹고 살기 때문에 '소비자'라고 한다. 균류는 죽은 동식물을 썩히거나 살아 있는 동식물에 붙어서 양분을 얻고, 남은 찌꺼기를 잘게 부수어 물, 이산화탄소, 암모니아 같은 무기물로 만든 다음 땅과 공기로 돌려보낸다. 그래서 '분해자'라고 한다. 만약 다른 균이나 버섯이 없다면 지구는 곧 동식물이 내놓은 찌꺼기로 가득 찰 것이다.

하지만 균은 아주 천천히 분해하기 때문에 동식물이 찌꺼기를 내놓는 속도를 따라갈 수 없다. 다행히 동물은 식물을 먹고, 웬만큼 소화해서 몸 밖으로 내보내 균이 쉽고 빠르게 분해할 수 있게 돕는다. 이렇게 생태계는 식물과 동물과 균이 함께 살아가면서 균형을 이루고, 생물이 살아가는 데 필요한 물질이 끊임없이 돌고 돈다.

기생균

양분을 얻는 방법에 따른 나누기

버섯은 엽록소가 없어서 식물처럼 스스로 양분을 만들지 못하고 다른 동식물이 만드는 유기물에서 양분을 얻어 살아간다. 양분을 얻는 방법에 따라 버섯을 분해균, 기생균, 공생균으로 나눈다.

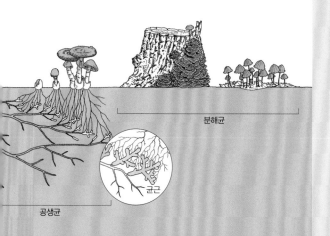

분해균

균근

공생균

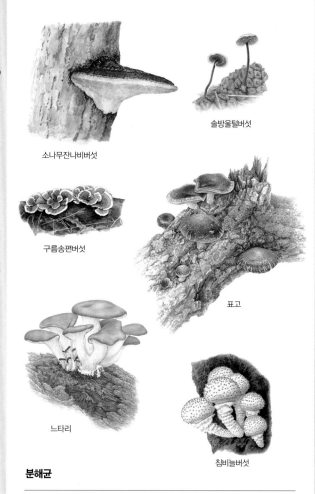

솔방울털버섯

소나무잔나비버섯

구름송편버섯

표고

느타리

침비늘버섯

분해균

분해균

분해균은 낙엽, 죽은 나무, 열매, 죽은 동물 몸이나 똥 따위를 분해해서 양분을 얻는 버섯이다. 분해균은 죽은 나무나 떨어진 나뭇가지, 베어 낸 나무둥치, 두엄 더미, 낙엽 쌓인 곳, 쓰레기 더미처럼 어디서나 난다. 땅에서 나는 것처럼 보이는 것도 실제로는 땅속에 묻힌 썩은 나무나 낙엽, 풀 더미에서 난다.

분해균 가운데는 나무를 썩히는 균이 많다. 나무에서 나는 버섯은 구름송편버섯, 표고, 느타리, 침비늘버섯, 목질진흙버섯, 진흙버섯, 층층버섯, 잔나비불로초, 때죽조개껍질버섯, 노루궁뎅이가 있다. 말똥이나 소똥에 나는 말똥버섯, 솔방울에 나는 솔방울털버섯, 낙엽 위에 나는 큰낙엽버섯처럼 정해진 곳에서만 나는 버섯도 있다.

송이

흰굴뚝버섯

기와버섯

싸리버섯

황소비단그물버섯

향버섯

공생균

공생균

공생균은 거의 가느다란 나무뿌리 끝에 균 뿌리를 만들어서 나무와 영양분을 주고받으며 더불어 살아간다. 그래서 나무 둘레 땅 위에 흔히 나고 나무가 자라지 않는 들판에는 없다. 공생균은 여러 가지 나무에 두루 붙어사는데 소나무하고만 더불어 사는 송이처럼 한 종에만 붙어사는 버섯도 있다.

공생균은 나무뿌리가 닿지 않는 곳까지 균사를 그물망처럼 뻗는다. 균사로 땅속에 있는 물과 양분을 빨아들여 나무에 옮기고 나무로부터 양분을 얻어 살아간다. 이렇게 공생균은 나무가 광합성을 잘 할 수 있도록 돕는다. 또 뿌리 겉을 균사로 덮어 겨울에도 뿌리가 어는 것을 막고, 다른 병균이 뿌리에 못 들어오게 막는다.

버섯 가운데 1/3쯤이 공생균이다. 광대버섯류, 그물버섯류와 송이류는 대부분 공생균이다. 땀버섯류, 무당버섯류, 벚꽃버섯류, 졸각버섯류도 공생균이다. 공생균 가운데는 송이, 향버섯, 달걀버섯, 기와버섯, 싸리버섯처럼 맛있는 버섯이 많다. 이런 버섯은 살아 있는 나무와 더불어 살기 때문에 사람이 기르기가 어렵다. 그래서 산과 들에 저절로 나는 것을 따 먹는다. 송이와 향버섯은 맛과 향이 좋고, 한 가지 나무에만 더불어 살아 훨씬 드물기 때문에 더 귀하게 여긴다.

뽕나무버섯

동충하초

오디균핵버섯

덧부치버섯

기생균

기생균

기생균은 살아 있는 동식물 몸에 붙어 양분을 빼앗아 자라는 버섯이다. 뽕나무버섯, 꽃송이버섯, 자작나무시루뻔버섯은 살아 있는 나무에 붙어 양분을 빼앗아 나무를 천천히 죽게 한다. 오디 균핵버섯은 떨어진 오디에서 난다. 포자가 그해 핀 뽕나무 꽃에 떨어지면 씨방으로 균사를 뻗어 오디균핵병을 일으킨다. 동충하 초류는 곤충 기생균이다. 곤충 몸, 번데기, 애벌레에서 나는데, 겨 울에는 곤충 몸속에 들어가 살다가 이듬해 여름 들머리에서 가을 사이에 곤충 몸 밖으로 버섯을 만들어 나온다. 덧부치버섯이나 말뚝사슴뿔버섯처럼 다른 버섯 몸에 붙어사는 버섯도 있다.

기생균은 이렇게 살아 있는 나무나 곤충 몸에 붙어 병을 일으 키거나 죽게 해서 해로운 버섯으로 여기지만, 식물이나 곤충이 너 무 많아져서 생태계 균형을 깨뜨리는 것을 막는다.

버섯이 지구에 처음 나타났을 때는 분해균이었다. 그런데 진화 하면서 나무와 더불어 살거나 다른 생물에 기생하면서 살아가게 되었다. 나무에 붙어 양분을 빼앗아 병을 일으키고, 병든 나무가 죽으면 다시 분해해서 양분을 얻는 진흙버섯처럼 기생균과 분해 균으로 딱 잘라 나누기 어려운 버섯도 있다.

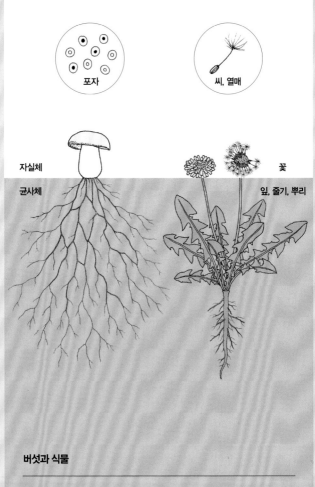

포자

씨, 열매

자실체

꽃

균사체

잎, 줄기, 뿌리

버섯과 식물

자실체와 균사체

균류는 아주 가는 실 가닥처럼 뻗는다. 이것을 '균사'라고 한다. 버섯은 균사가 뭉쳐서 보거나 만질 수 있는 크기로 피어난 것이다. 풀이나 나무 꽃처럼 자손을 퍼뜨리기 위해 잠시 피어난 번식 기관이다. 이것을 '자실체'라고 한다. 우리가 버섯이라고 하는 것이 자실체.

버섯 밑동을 살펴보면 솜털처럼 하얗고 가는 실 같은 것이 붙어 있다. 땅속으로 뻗어 있어서 뿌리처럼 보이지만 이것이 바로 진짜 몸이다. '균사체'라고 한다. 버섯은 포자를 만들어 자손을 퍼뜨리는 자실체와 자실체를 피우려고 영양분을 빨아들이는 균사체로 이루어져 있다.

자실체는 자손을 퍼뜨리기 위해 포자를 만든다. 식물에서 꽃이 하는 일을 맡는다. 흔히 갓, 자실층, 대로 이루어져 있다. 대가 없이 갓과 자실층만 갖춘 것도 있다. 거의 갓 아래쪽에 주름살이나 구멍이 있어서 이곳에서 포자를 만든다. 포자는 식물 열매나 씨앗과 같은데 수십 억 개에서 수천 억 개에 이른다.

균사체는 식물 뿌리와 줄기, 잎과 같은 곳이다. 수많은 균사가 땅속이나 나무 몸속 깊이 뻗으면서 자란다. 그러다가 알맞은 온도와 습도가 되면 몸 밖이나 땅 위로 버섯을 만들어 내보낸다.

버섯은 짧은 시간 동안 나타나서 포자를 만들어 퍼뜨린 뒤 곧 사라진다. 하지만 균사체는 몇 년에서 수십 수백 년 동안 보이지 않는 곳에서 균사를 뻗어 나가며 해마다 버섯을 만든다.

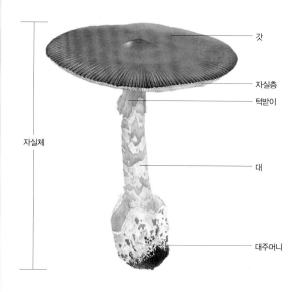

갓

자실층

턱받이

자실체

대

대주머니

생김새

생김새와 구조

버섯은 갓, 자실층, 대로 이루어져 있는데 턱받이나 대주머니가 있거나, 대가 없이 갓과 자실층만으로 이루어지기도 한다. 버섯은 저마다 생김새가 다르다. 공, 빗자루, 선반, 나팔처럼 생긴 버섯도 있다. 버섯은 같은 종이라도 어린 버섯과 다 자란 버섯 생김새가 다르고, 둘레 환경에 맞춰 생김새나 색깔이 다르기도 하다.

갓

갓은 지붕처럼 버섯을 덮거나 감싸서 지킨다. 무슨 버섯인지 알아볼 때 갓 생김새나 색깔을 보고 가릴 때가 많다. 갓 밑에는 포자를 만드는 자실층이 있다.

주름버섯목 버섯은 어릴 때는 갓이 공이나 달걀처럼 생겼다. 자라면서 가장자리가 펴져 원뿔이나 종, 둥근 산, 깔때기처럼 생김새가 바뀐다. 가운데는 볼록하거나 오목하게 파인다. 화경버섯처럼 갓이 다 피어도 갓 끝이 말리거나 종이꽃낙엽버섯처럼 위로 말리기도 한다. 주름살 날은 매끈하거나 날카롭거나 톱니처럼 생기고 부스러진 가루 같은 것도 있다. 말똥버섯이나 흰비단털버섯은 갓 끝이 자실층보다 더 자라 갓 깃을 만들기도 한다. 꽃송이버섯이나 잎새버섯은 갓이 꽃잎이나 부채꼴이고, 불로초나 솔방울침버섯은 콩팥, 잔나비불로초나 진흙버섯은 선반, 동충하초는 방망이처럼 생겼다.

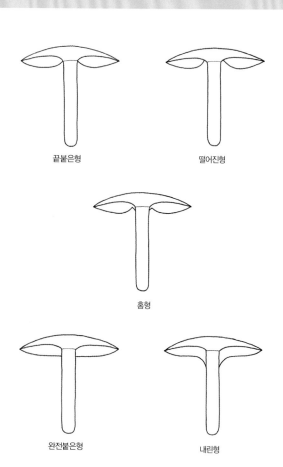

끝붙은형

떨어진형

홈형

완전붙은형

내린형

주름살이 대에 붙은 모양

자실층

　자실층은 포자가 만들어지는 곳이다. 주름살이 지거나 구멍이 뚫려 있다. 때로 가늘고 긴 침 모양인 것도 있다. 자실층은 거의 겉으로 드러나 있는데, 먼지버섯이나 말징버섯처럼 껍질에 싸인 버섯은 포자가 다 익어야 겉으로 드러난다.

　주름버섯목은 갓 아래쪽에 붙은 자실층에서 포자를 만든다. 자실층은 주름살처럼 생겼는데 포자를 많이 만들 수 있도록 아주 얇고 촘촘하게 늘어서 있다. 그물버섯목, 소나무비늘목 버섯은 자실층이 수많은 구멍으로 이루어져 있고, 구멍 속에서 포자를 만든다. 이 구멍을 '관공'이라고 한다. 먼지버섯은 껍질 속에서 포자를 만든다. 구멍장이버섯목 가운데 목질진흙버섯, 층층버섯 같은 여러해살이 버섯은 해마다 구멍을 층층이 새로 만든다. 그 해에 만든 구멍에서 포자가 생긴다.

　자실층은 주름살이 빽빽하거나 구멍이 많을수록 포자를 많이 만들 수 있다. 주름살 날은 매끈한 것, 톱니 모양, 가루 모양, 불규칙하게 찢어진 것이 있다. 주름버섯목 버섯은 거의 둥그스름한 갓 아래쪽에 얇은 칼날처럼 생긴 주름살이 있는데, 주름살이 대에 붙은 모양에 따라 끝붙은형, 떨어진형, 홈형, 완전붙은형, 내린형으로 나눈다. 자실층이 구멍으로 이루어져 있는 버섯도 똑같이 다섯 가지 모양으로 나눈다.

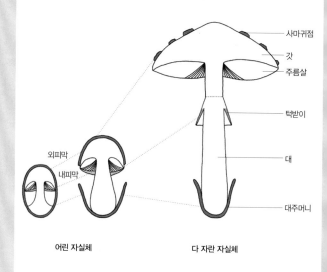

사마귀점

갓

주름살

턱받이

대

대주머니

외피막

내피막

어린 자실체

다 자란 자실체

버섯 구조 변화

대

대는 갓을 떠받든다. 흔히 원통처럼 생겼고 자라면서 위쪽이 가늘어진다. 비틀어지거나 휘어지기도 하고, 조금 납작한 것도 있다. 밑동은 양파처럼 둥글납작하거나, 방망이처럼 끝이 뭉툭하거나, 끝이 뾰족하거나, 뿌리처럼 길게 뻗거나, 뿌리털처럼 생겼다. 대 속은 꽉 차거나 궁근다. 흔히 어릴 때는 차 있다가 자라면서 궁글 때가 많다. 오징어새주둥이버섯처럼 대롱같이 뚫려 있는 대 속에 우무 같은 것이 차 있기도 하고, 적갈색애주름버섯처럼 검붉은 물이 차 있기도 하다. 대는 흔히 갓 아래쪽 한가운데에 붙는데, 느타리처럼 갓 한쪽에 비껴 붙거나 불로초처럼 갓 가장자리에 붙기도 한다. 대가 없는 버섯도 있다.

턱받이와 대주머니

턱받이는 어린 버섯을 싸고 있던 안쪽 막이 자라면서 찢어져 대 위쪽에 남은 것이다. 치마처럼 아래로 늘어져 있는데, 먹물버섯처럼 고리 모양이거나 솜털처럼 흔적만 남은 것도 있다. 두께는 저마다 다르고, 턱받이포도버섯처럼 두 겹으로 남기도 한다.

대주머니는 알처럼 동그란 어린 버섯을 싸고 있던 바깥쪽 막이 자라면서 찢어져 대 밑동에 남은 것이다. 얇고 주머니 모양이거나, 두껍고 그릇 모양이거나, 꽃잎처럼 찢어지거나, 부스러진 가루 덩이가 고리처럼 남기도 한다. 또 자투리가 갓 위에 덩어리로 드문드문 남아 있는 것도 있다. 이것을 '사마귀점'이라고 한다.

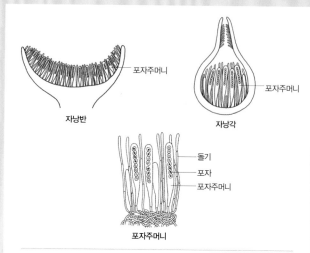

자낭반

자낭각

돌기
포자
포자주머니

포자주머니

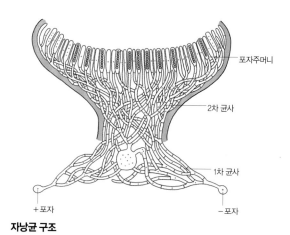

포자주머니

2차 균사

1차 균사

＋포자

－포자

자낭균 구조

포자와 번식

자낭균과 담자균

버섯은 균사에서 바로 포자를 만들어 퍼지는 효모나 곰팡이와는 달리, 눈으로 알아볼 수 있을 만한 크기로 버섯을 만들고, 자실층에 있는 생식 기관에서 포자를 만들어 퍼뜨린다. 이 포자를 만드는 기관과 방법에 따라 크게 자낭균과 담자균으로 나눈다.

자낭균

자낭균은 포자주머니 속에서 포자를 만드는 무리다. 담자균보다 수가 두 배 가까이 많지만 버섯을 만들어 피어나는 것은 많지 않다. 들주발버섯, 안장버섯, 곰보버섯 들이 있고 동충하초 무리는 거의 자낭균이다.

자낭균은 흔히 포자주머니에서 포자를 8개 만드는데, 4개만 만드는 것도 있다. 포자를 만드는 주머니는 기다란 원통처럼 생겼다. 꼭대기에 작은 구멍이나 뚜껑이 있는데 포자가 익으면 구멍이 벌어지거나 뚜껑이 열려서 퍼진다.

자낭균 버섯은 찻잔처럼 생긴 것이 많고 동충하초류는 방망이처럼 생겼다. 찻잔처럼 생긴 버섯을 '자낭반'이라고 하는데 안쪽에 포자주머니가 드러나 있다. 동충하초류는 갓 겉에 수많은 자낭각이 박혀 있어서 그 속에 포자주머니가 들어 있다. 자낭각은 자낭반이 오므라진 모양인데 구멍이 나 있는 꼭대기는 병 주둥이처럼 볼록 솟았다. 아주 작고 겉은 단단한 껍질에 싸여 있다.

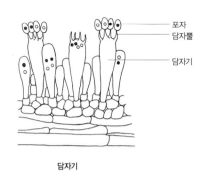

담자기

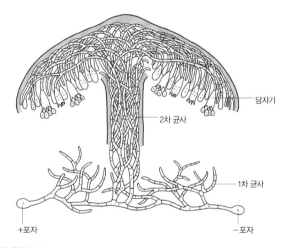

담자균 구조

담자균

담자균은 담자기라는 포자주머니에서 포자를 만드는 무리다. 우리가 보는 거의 모든 버섯이 담자균에 들어간다.

갓 밑에 있는 자실층에 포자주머니가 있다. 포자주머니 안에서 포자 네 개가 생겨나 주머니 밖에 솟은 뿔로 가서 달린다. 이 뿔을 '담자뿔'이라고 한다. 포자가 익으면 뿔에서 떨어져 나간다.

담자기(擔子器)는 '포자를 메고 있는 그릇'이라는 뜻이다. 이름처럼 위쪽에 있는 돌기 끝에 포자를 매달고 있다. 담자기는 곤봉이나 항아리처럼 생겼고, 포자를 만들면서 위쪽에 담자뿔이라고 하는 돌기가 생긴다. 담자균 무리는 거의 갓 아래쪽에 얇은 칼날처럼 생긴 주름살이나 구멍으로 된 자실층이 있다. 주름살에는 겉에, 구멍에는 안쪽에 담자기가 퍼져 있다. 노루궁뎅이나 침버섯처럼 자실층이 침이나 긴 돌기처럼 생긴 것은 돌기 겉에, 싸리버섯은 가지 끝에, 국수버섯은 겉에 담자기가 있다. 말뚝버섯, 망태말뚝버섯, 오징어새주둥이버섯은 겉에 있는 점액 속에, 말불버섯이나 말징버섯은 버섯 껍질 속에 있는 살에 담자기가 있다.

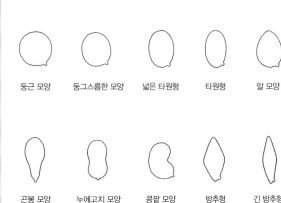

둥근 모양 둥그스름한 모양 넓은 타원형 타원형 알 모양

곤봉 모양 누에고치 모양 콩팥 모양 방추형 긴 방추형

원통형 굽은 원통형 삼각형 사각형 다각형

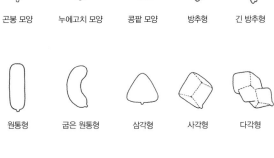

작은 돌기 혹 모양 돌기 가시 모양 돌기 그물 무늬 줄무늬

포자 생김새

포자

버섯은 포자로 퍼진다. 버섯마다 포자 생김새가 달라서 버섯을 정확하게 나누려면 포자 생김새를 봐야 한다. 포자를 만드는 방법이나 만드는 곳에 따라 담자 포자, 자낭 포자, 분생 포자, 후막 포자가 있다.

담자 포자는 포자를 만드는 주머니 밖에 흔히 포자 4개가 돌기처럼 붙는다. 자낭 포자는 포자주머니 안에 포자가 들어 있다. 분생 포자는 균사 끝이 끊기거나 포자 안에 있는 세포질이 나뉘어서 새로운 균사로 자란다. 후막 포자는 세포벽이 두꺼워져서 포자가 생긴다.

버섯은 스스로 포자를 퍼뜨리지 못한다. 그래서 공기나 떨어지는 빗방울이나 흘러내리는 빗물, 동물 힘을 빌려 포자를 퍼뜨린다. 그 밖에 먼지버섯은 습도에 따라 겉껍질을 오므렸다 폈다 하면서 포자를 뿜어내고, 먹물버섯은 갓과 자실층이 먹물처럼 녹아내려 포자를 퍼뜨린다.

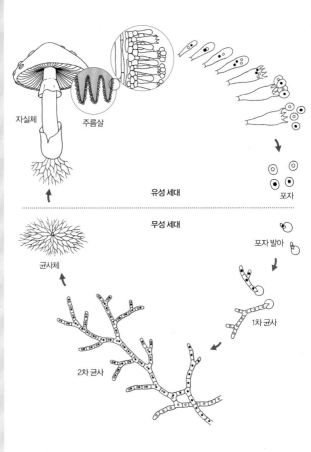

자실체

주름살

유성 세대

포자

무성 세대

포자 발아

균사체

1차 균사

2차 균사

버섯 한살이

버섯 한살이

버섯은 포자를 만들어 자손을 퍼뜨린다. 버섯 하나가 수십, 수백, 수천 억 개 포자를 퍼뜨린다. 이 가운데 겨우 10개 남짓한 포자만 싹이 트고 자라 다시 버섯이 된다.

유성 세대와 무성 세대

버섯은 유성 세대와 무성 세대를 번갈아 가면서 끊임없이 퍼진다. 유성 세대는 버섯으로 피어나서 포자를 만드는 번식 활동 기간이다. 무성 세대는 버섯을 피워 내려고 균사를 뻗어 양분을 얻는 영양 활동 기간이다.

버섯은 자실층에 있는 포자주머니에서 포자를 만든다. +핵과 −핵은 포자주머니 안에서 하나로 합쳐진 뒤 감수 분열을 거쳐 핵 4개를 만든다. 이 핵은 포자주머니 위쪽에 솟은 담자뿔 끝에서 포자가 되고, 익으면 떨어져 나간다.

알맞은 곳에 떨어진 포자는 싹을 틔워 균사가 된다. 이것을 1차 균사라고 한다. 1차 균사는 저마다 +핵과 −핵을 하나씩만 지닌다. 1차 균사는 자라면서 합쳐져 핵이 두 개인 2차 균사가 된다. 2차 균사는 +핵과 −핵이 따로 나뉜 채 여러 갈래로 가지를 나누면서 뻗어 가다가 빽빽하게 뭉친다. 2차 균사는 하얗고 가는 실처럼 생겼다. 균사체는 낙엽, 나무, 거름, 동물 똥, 곤충 같은 유기물을 분해해 양분으로 먹으면서 줄곧 자란다. 이렇게 영양 활동만 하는 기간을 무성 세대라고 한다.

버섯과 사람

버섯 역사

버섯은 2억 년 전쯤 지구에 나타났다. 버섯에 대한 가장 오래된 기록은 기원전 3,500년 무렵 알제리 타실리나제르 고원 동굴 벽에 그려진 타실리상이다. 몸에 버섯 장식을 두르고 손에는 커다란 버섯을 여러 개 들고 있다.

먹으면 헛것이 보이는 버섯은 선사 시대부터 제사장이나 무당들이 종교 의식과 민속 신앙 의식에 널리 써 왔다. 고대 이집트인들은 신비한 약효를 지닌 버섯을 신이 사람에게 준 선물로 생각했고, 기원전 1,000~3,000년쯤 고대 멕시코나 과테말라 사람들은 몇몇 버섯 생김새를 보고 천둥, 번개와 이어졌다고 믿었다. 고대 마야족은 버섯이 땅을 기름지게 한다고 여겼고, 축축한 땅에 나는 버섯이 비를 오게 한다고 믿어서 가뭄이 심하면 버섯과 닮은 돌조각을 밭에 세우고 기우제를 지내기도 했다.

버섯을 언제부터 먹었는지는 뚜렷하지 않다. 그리스 신화에는 페르세우스 왕자가 버섯에서 흘러나오는 물을 마시고 황홀한 기분을 느꼈다는 이야기가 있다. 고대 사회에서는 버섯을 아주 귀하게 여겼다. 네로 황제는 달걀버섯을 가져오는 사람에게 그 무게만큼 금을 주었다고 한다. 중세에는 버섯에 들어 있는 성분이 조금씩 밝혀지면서 귀한 약재로 쓰기 시작했다. 요즘에는 널리 기르기 시작하면서 많은 사람들이 즐겨 먹는다.

우리나라 버섯 역사

1997년 충남 공주 우성면에서 1억 3천만 년 전쯤 것으로 보이는 민주름버섯류 화석이 발견된 것으로 보아 중생대 백악기 초기 무렵부터 우리나라에도 버섯이 있었다고 짐작한다.

버섯에 대한 처음 기록은 고려 시대 김부식이 쓴 《삼국사기》에 나온다. "성덕왕 3년(704)에 웅천주에서 나는 금지(金芝)를, 7년에는 사벌주, 23년에는 웅천주에서 나는 서지(瑞芝)를 나라에 바쳤다."라고 되어 있다. 조선 시대 초기 《세종실록지리지》(1454)에는 각 도에서 바친 공물로 버섯이 36점 올라 있고, 《동국여지승람》(1481)에서는 표고, 송이, 능이, 싸리가 나는 곳과 함께 먹는 버섯과 약으로 쓰는 버섯을 나누고 있다. 허준이 쓴 《동의보감》(1613)에도 표고, 송이, 불로초, 동충하초, 목이, 말똥진흙버섯, 복령, 뽕나무버섯부치 같은 20종이 넘는 버섯이 쓰여 있다. 우리나라에서는 일찍부터 버섯을 뜻하는 한자말로 균(菌), 심(蕈), 지(芝), 고(菰, 蕈, 孤), 이(茸, 耳)를 써 왔다. 한글 이름은 15세기에 '버슷'이라고 했다. 조선 순조 때 책인 《규합총서》(1809)에 표고, 송이, 백복령이 처음 나오지만 이름 뒤에 '버섯'이라는 어미는 붙지 않았다. 일제 강점기에 나온 《토명대조선만식물자휘》(1931)에 파리버섯, 싸리버섯, 참나무버섯, 국슈버섯(국수버섯)이라는 한글 이름이 나오는 것으로 볼 때 19세기에 들어서 '버섯'이라는 말을 널리 쓰기 시작한 것 같다.

싸리버섯

송이

달걀버섯

개암버섯

향버섯

느타리

표고

먹는 버섯

버섯 쓰임새

우리나라에는 오천 종 넘는 버섯이 자라는 것으로 짐작하는데, 알려진 것은 1,900종 남짓 된다. 그 가운데 먹을 수 있는 버섯은 700종쯤이다. 안심하고 먹는 버섯은 20~30종 밖에 안 된다. 약으로 쓰는 버섯도 먹는 버섯으로 본다.

먹는 버섯

버섯은 우리 몸에 꼭 필요한 식물성 단백질과 필수 아미노산, 비타민, 미네랄 같은 영양소가 많이 들어 있다. 콜레스테롤이 거의 없고 섬유질이 많다. 특히 표고는 섬유질이 많고 에고스테롤이 많이 들어 있어서 햇볕을 쬐면 뼈를 튼튼하게 하는 비타민 D_2가 만들어진다. 또 맛과 향도 좋아서 옛날부터 우리 겨레가 즐겨 먹었다.

먹는 버섯으로 알려진 것은 달걀버섯, 송이, 향버섯, 싸리버섯, 다색singing꽃버섯, 개암버섯, 까치버섯, 검은비늘버섯, 꽃송이버섯, 흰굴뚝버섯, 졸각버섯, 뽕나무버섯 따위가 있다. 거의 주름버섯류인데 공생균이 많다. 산과 들 어디에나 흔히 나는 버섯은 옛날부터 먹을 것이 모자랄 때 굶주린 백성을 먹여 살리는 노릇을 했다.

하지만 독버섯에 중독될 위험이 있어서 요즘에는 인공 재배를 해서 안전하게 먹는다. 우리나라에서는 표고, 느타리, 양송이, 팽이버섯을 많이 기른다. 또 큰느타리(새송이), 풀버섯, 목이, 흰목이, 만가닥버섯, 잎새버섯도 널리 키우고 있다.

복령

목질진흙버섯

동충하초   불로초

약으로 쓰는 버섯

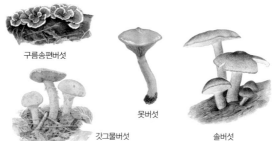

구름송편버섯

못버섯

갓그물버섯   솔버섯

물을 들이는 버섯

구름송편버섯

다른 쓰임새

말뚝버섯   먹물버섯

약으로 쓰는 버섯

약으로 쓰는 버섯은 100종 남짓 알려졌다. 거의 민주름버섯류나 동충하초류다. 이런 버섯들은 아미노산과 비타민, 칼슘, 인, 철분이 많다. 면역력을 높이고 핏속 콜레스테롤을 줄인다. 그래서 암을 막거나 고혈압, 당뇨, 간이 안 좋을 때 약으로 쓴다. 구름송편버섯과 불로초는 소화기 암과 폐암을 고치는 약으로, 표고에 들어 있는 성분에서 뽑은 렌티난은 위암을 고치는 약으로 쓴다. 동충하초도 암을 막고 결핵을 고치는 약으로 쓴다. 목질진흙버섯, 잎새버섯, 복령도 여러 가지 병을 고치는데 쓴다.

천에 물을 들이는 버섯

우리나라에서 나는 버섯 가운데 옷에 물을 들일 수 있는 버섯은 100종 남짓 된다. 구름송편버섯은 잿빛, 향버섯은 파란 풀색, 갓그물버섯은 노란색, 못버섯은 주황색, 까치버섯은 까만색, 솔버섯은 노란색이나 붉은 밤색 물을 들인다.

여러 가지 다른 쓰임새

말뚝버섯 달인 물은 음식을 상하지 않게 하고, 동충하초류는 방충제 성분이 있어서 친환경 생물 농약으로 개발하고 있다. 구름송편버섯에서 나오는 효소로는 살충제를 만들거나 중금속에 오염된 자연을 되살리는데 쓰고, 쓰레기 더미에서 잘 자라는 먹물버섯은 도시 산업 폐기물을 처리하는 상품으로 만들고 있다.

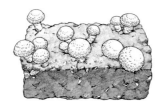

톱밥 벽돌 재배 표고

병 재배 팽이버섯

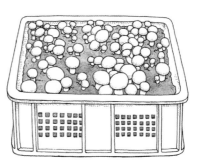

상자 재배 양송이

버섯 키우기

버섯 키우기

먹을거리가 부족했던 옛날에는 산과 들에 나는 버섯이 중요한 먹을거리였다. 하지만 이것저것 따서 먹다보니 종종 독버섯을 먹고 탈이 나거나 목숨을 잃기도 했다. 그래서 사람들은 안심하고 먹을 수 있는 버섯을 기르는 방법을 궁리하게 되었다.

600년 무렵 중국에서 처음으로 목이를 길러 먹기 시작했고, 프랑스에서는 1650년쯤 퇴비를 써서 처음으로 양송이를 길렀다. 19세기 말에 와서야 종균을 써서 버섯을 기르는데 성공했다.

우리나라도 조선 시대부터 버섯을 길러 먹었다. 조선 숙종 때 홍만선이 쓴 《산림경제》에 느릅나무, 버드나무, 뽕나무, 회나무, 닥나무를 써서 버섯을 길렀다고 나온다. 또 조선 영조 때 유중임이 쓴 《증보산림경제》에는 표고 기르는 방법이 나온다.

우리나라에서는 양송이, 표고, 목이, 느타리, 팽나무버섯 같은 먹는 버섯뿐 아니라 노루궁뎅이, 불로초, 동충하초 같은 약으로 쓰는 버섯도 널리 기르고 있다. 하지만 살아 있는 나무와 더불어 사는 송이나 향버섯, 꾀꼬리버섯은 아직 못 기른다.

표고는 톱밥을 벽돌이나 원기둥 모양으로 빚어 기르고 느타리, 팽이버섯, 불로초, 노루궁뎅이, 잎새버섯은 톱밥에 볏짚, 쌀겨, 밀기울을 섞어 플라스틱 병이나 자루, 봉지에 채워 기른다. 표고, 구름송편버섯, 목질진흙버섯, 불로초, 느타리는 원목에 기르거나 톱밥을 써서 기른다.

개나리광대버섯

붉은사슴뿔버섯

독우산광대버섯

비탈광대버섯

화경버섯

흰알광대버섯

마귀곰보버섯

뱀껍질광대버섯

삿갓외대버섯

독버섯

갈황색미치광이버섯

두엄먹물버섯

독버섯

우리나라에 나는 버섯 가운데 먹는 버섯은 26%, 독버섯은 13%, 약으로 쓰는 버섯은 11%만 구분할 수 있고, 나머지는 먹는 버섯인지 독버섯인지 뚜렷하지 않다. 먹을 수 있다고 알려진 야생 버섯도 거의 다 약한 독이 있어서 날로 먹거나 한꺼번에 많이 먹으면 중독 증상이 나타날 수 있다.

독버섯을 먹으면 배가 아프거나 물똥을 싸는 정도에서 그치기도 하고 숨을 못 쉬거나, 경련을 일으켜서 혼수상태에 빠지고, 심하면 죽기도 한다.

심한 중독을 일으키는 맹독 버섯은 흔히 광대버섯류에 많다. 그 가운데서도 개나리광대버섯, 독우산광대버섯, 비탈광대버섯, 흰알광대버섯은 독이 아주 세서 한두 개만 먹어도 목숨을 잃을 수 있다. 붉은사슴뿔버섯은 버섯 가운데 독이 가장 세다. 생화학 무기에 쓰는 것과 비슷한 독성분이 있다. 화경버섯, 절구버섯아재비, 턱받이광대버섯도 맹독 버섯으로 나눈다. 술과 함께 먹을 때만 중독 증상이 나타나는 두엄먹물버섯과 배불뚝이연기버섯, 헛것이 보이는 갈황색미치광이버섯과 말똥버섯류, 삶은 물이나 익힐 때 생기는 수증기를 마시면 중독되는 마귀곰보버섯, 땀이 심하게 나는 땀버섯류, 위장 장애를 일으키는 노란개암버섯 따위도 있다.

독버섯	식용버섯
개나리광대버섯	노란달걀버섯
광대버섯	달걀버섯
노란개암버섯	개암버섯
독흰갈대버섯	큰갓버섯
두엄먹물버섯	먹물버섯

독버섯과 먹는 버섯 가려내기

독버섯 가운데는 먹는 버섯과 가려내기 어려울 정도로 닮은 것이 많다. 우선 생김새를 잘 살펴보고, 칼로 베거나 문질러서 색이 바뀌는지, 어떻게 바뀌는지도 두루 살펴야 한다. 현미경으로 포자 생김새를 살펴보는 것이 가장 정확하지만 야생 버섯을 딸 때는 그럴 수 없으니까 함부로 먹지 않는다. 중독 증상이 일어나면, 먼저 먹은 것을 토한 다음 빨리 병원에 가야 한다. 이때 먹고 남은 버섯을 의사에게 주면 진단과 치료에 도움이 된다.

독버섯에 대한 잘못된 정보다.

첫째, 독버섯은 색이 화려하거나 뚜렷하다.

둘째, 독버섯은 살이 세로로 잘 찢어지지 않고 먹는 버섯은 잘 찢어진다.

셋째, 독버섯은 나쁜 냄새가 나고, 먹는 버섯은 좋은 냄새가 난다.

넷째, 벌레나 민달팽이가 먹는 버섯은 독버섯이 아니다.

다섯째, 버섯 요리에 은수저를 넣어 색이 바뀌면 독버섯이다.

여섯째, 나무에서 나는 버섯은 먹을 수 있다.

맞지 않는 내용이니 함부로 따르면 안 된다.

찾아보기

우리말 찾아보기

《강원의 버섯》 성재모·김양섭 외, 2002, 강원대학교출판부

《광릉의 버섯》 김현중·한상국, 2008, 국립수목원

《기초균류학》 Elizabeth Moore-Landercker저, 박희문 외 공역, 2005, 월드사이언스

《독버섯 도감》 석순자·김양섭 외, 2011, 푸른행복

《버섯대도감》 최호필, 2015, 아카데미북

《버섯생태도감》 국립수목원, 2013, 지오북

《버섯학 각론》 유영복 외, 2015, 교학사

《새로운 한국의 버섯》 박완희·이지헌, 2011, 교학사

《야생 버섯 백과사전》 석순자·장현유 외, 2013, 푸른행복

《우리 몸에 좋은 버섯대사전》 솔뫼, 2012, 그린홈

《우리 산에서 만나는 버섯 200가지》 김현중·한상국, 2009, 국립수목원

《자연 버섯 도감》 석순자·장현유·박영준 공저, 2015, 푸른행복

《자연과 생태 Vol 13~18》 2008, 자연과 생태사

《자연사》 DK자연사제작위원회, 2012, 사이언스북스

《제주도 버섯》 서재철·조덕현, 2004, 일진사

《제주지역의 야생버섯》 고평열·김찬수·신용만 외, 2009, 국립산림과학원

《조선말대사전》 사회과학원, 1992, 사회과학출판사

《조선버섯도감》 윤영범, 1978, 과학백과사전출판사

《조선포자식물2(균류편2)》 윤영범·현운형, 1989, 과학백과사전종합출판사

《조선포자식물3(균류편3)》 윤영범·현운형, 1990, 과학백과사전종합출판사

《한국약용버섯도감》 박완희·이호득, 2009, 교학사

《한국의 동충하초》 성재모, 1996, 교학사

《한국의 버섯》 농촌진흥청 농업과학기술원, 2008, 김영사

《한국의 버섯》 박완희·이지헌, 2011, 교학사

《한국의 버섯 도감 I 》 이태수·조덕현 외, 2010, 저숲출판

《한국의 버섯 목록》 한국균학회 균학용어심의위원회, 2013, 사단법인 한국균학회

《한국의 식용··독버섯 도감》 조덕현, 2009, 일진사

《한라산의 버섯》 김양섭·석순자 외, 2005, 제주도농업기술원

참고한 누리집

Index Fungorum http://www.indexfungorum.org/

국가생물종지식정보시스템 http://www.nature.go.kr/index.jsp

국립농업과학원 http://naas.go.kr/

아름다운 버섯나라 http://mushroom114.or.kr/

한국산 버섯 DB http://mushroom.ndsl.kr/

한국임업진흥원 http://www.kofpi.or.kr/

한국의 버섯 http://www.koreamushroom.kr/

그린이

권혁도 1955년 경북 예천에서 태어났다. 추계예술대학교에서 동양화를 공부했다. 《세밀화로 그린 보리 어린이 곤충 도감》, 《동물도감》《세밀화로 그린 보리 큰도감》에 그림을 그렸고, 쓰고 그린 그림책으로 《배추흰나비 알 100개는 어디로 갔을까?》, 《세밀화로 보는 호랑나비 한살이》들이 있다.

김찬우 1976년 서울에서 태어났다. 서울대학교에서 동양화를 공부했다. 《세밀화로 그린 보리 어린이 버섯 도감》에 그림을 그렸다. 그림책 《한강을 따라가요》, 《민들레 꽃집이 된 밥솥》을 그렸다. 2014년 볼로냐 국제 아동도서전에서 그림책 《생선 가격을 정해요》로 '올해의 일러스트레이터 상'을 받았다.

이주용 1967년 서울에서 태어났다. 《개구리와 뱀》, 《세밀화로 그린 보리 어린이 양서 파충류 도감》, 《수생식물 도감》, 《세밀화로 그린 보리 어린이 버섯 도감》에 그림을 그렸고, 그림책 《발가락 동그란 청개구리》를 그렸다.

임병국 1971년 인천 강화에서 태어났다. 홍익대학교에서 서양화를 공부했다. 《보리 어린이 첫도감─산짐승》, 《세밀화로 그린 보리 어린이 약초 도감》에 그림을 그렸다. 잡지 《개똥이네 놀이터》에 '토끼똥 아저씨의 동물 이야기'를 연재했다.

이우만 1973년 인천에서 태어났다. 홍익대학교에서 서양화를 공부했다. 《세밀화로 그린 보리 어린이 새 도감》, 《새 도감》《세밀화로 그린 보리 큰도감》에 그림을 그렸다. 《창릉천에서 물총새를 만났어요》, 《청딱따구리의 선물》을 쓰고 그렸다.

글쓴이

석순자 1965년 전남 해남에서 태어났다. 전남대학교에서 화학을 전공했고, 성균관대학교에서 식품생명 자원학을 공부했다. 지금은 농촌진흥청 국립농업과학원에서 버섯을 연구하고 있다. 《버섯학》, 《야생 버섯 백과사전》, 《자연버섯도감》 들을 펴냈다.

감수

김양섭 1946년 강원 원주에서 태어났다. 건국대학교 문리과 대학을 졸업하고, 동대학원에서 이학 석사 학위를, 강원대학교에서 농학 박사 학위를 받았다. 40년 가까이 농촌진흥청 농업기술연구소와 국립농업과학원에서 버섯을 연구했다. 《한국의 버섯》, 《한국산 버섯류 원색도감》, 《독버섯 도감》 들을 펴냈다.

기획

토박이 토박이는 우리말과 우리 문화, 그리고 이 땅의 자연을 아끼고 사랑하는 모든 이들을 위해 좋은 책을 만들고자 애쓰는 사람들의 작은 모임이다. 그동안 《보리 국어사전》, 겨레 전통 도감 《살림살이》, 《전래 놀이》, 《국악기》, 《농기구》, 《탈춤》과, 《세밀화로 그린 보리 어린이 새 도감》, 《세밀화로 그린 보리 어린이 버섯 도감》을 만들었다. 또 《신기한 독》, 《불씨 지킨 새색시》, 《옹고집》을 비롯해 모두 20권으로 엮인 옛이야기 그림책을 만들었다.